U0011052

1 在周遭沒有遮光的平地生長的樟樹所形成的傘狀樹冠。

2 北海道海岸的槲樹，所有的樹幹都向內陸傾斜。這並不是直立的樹因風而傾倒，而是因為強力的海風使面風處的頂芽枯萎，而殘存在下位的芽形成了新的樹幹。新長出的枝條上，面風的芽又死亡，於是背風的側芽又形成了新的樹幹。這樣的情況重複發生，便造成了傾斜的樹型。

3 這是顯著傾斜的雪松樹幹。壓縮材會在樹木無法直立且艱困傾斜的狀況下形成，大部分的針葉樹，其上方枝條會直立生長，像豎琴一樣。我們稱之為豎琴樹。

4 這是顯著傾斜的闊葉樹樹幹。拉張材會在闊葉樹無法直立且艱困地傾斜時形成，其枝條型態會全部朝向根頭的上方傾斜，努力地讓自己的重心回到正上方。

5 這棵朴樹根頭的橫向皺褶相當發達，像大象的腳一樣。它形成的原因是因為樹木內側彎曲的部分肥大生長，且內側的距離較短，再加上上部重量的壓迫，因而形成橫向皺褶。

6 海岸的黑松林中，大部分的樹木都向內陸傾斜，傾斜的樹幹的下側形成壓縮材，上側向上挺起，形成彎曲的樹幹，這種我們稱為彎刀樹型。

7 傾斜的雪松根頭形成壓縮材。大概是因為這棵樹在移植的時候直立地站著，但由於颱風的強風使樹幹傾斜，之後所長出來的樹幹下方的年輪發達，使樹幹向上彎曲。

8 這棵冷杉在還是苗木的時候頂梢枯萎，在其殘存的樹幹上最高的枝條中，最有活力的枝條成為了樹幹，向上彎曲，些許地彎曲過頭，接著向正上方生長恢復原狀，之後繼續成長。雖然只有一點點，但形成了稍微類似S形的樹型。

9 橫向生長的栲木樹枝斷面，可以看到拉張材的型態。斷面呈現像西洋梨的形狀，心材部分顏色較淡，邊材的顏色較濃。這是因為含水率的關係，邊材是潮濕的，而心材是乾燥的。

10 這是一棵樹幹直立的大型欅木，其根頭生長的左右側有非常大的差異。這棵欅木的右側並沒有大型的樹木，而左側有非常高的樹木生長成樹林，所以這棵樹木的右側時常受風吹襲，而左側沒有。因此向風側的地方橫向長出粗大的板根，以對抗風的吹襲。

11 這棵朴樹的樹幹上有一排並列的潛伏芽。樹幹上方健康的時候，由於生長素的抑制，造成潛伏芽的休眠。如果樹木衰退，就會從潛伏芽長出新的枝條。

12 這棵樟樹由於火災使得大部分的樹冠受損，失去了生長素抑制的效果，於是潛伏芽一起發芽，長出大量枝條。

13 這個脊領具有清楚的枝叉，脊領的起始點表示了這枝枝條與樹幹分叉的高度。

14 這棵樟樹的枯萎枝條具有清楚的環枝組織。由於樹幹繼續生長，使得停止生長的枝條和樹幹有清楚的交界曲線。

15 這是一棵枯萎而樹皮腐朽脫落的杉木。樹幹的組織像環繞著枝條一般，往枝條的方向生長。

16 枝幹夾皮的樹枝，由於積雪的重量而折斷。樹幹的一半幾近像削斷的型態。中間夾著樹皮而兩側成半圓形突出，這表示這個樹枝在斷裂前已經龜裂。

17 這棵桑樹的枝條在它還細瘦的時候，於同一個部位持續被切斷。被切斷後潛伏芽長成枝條，長出的枝條又再次被切斷而長出潛伏芽。如此多次的重複後，造成大量枝條集中在同一個位置。由於枝條都能將能量供給到這個地方，而且它也是這些枝條的主枝，因而快速形成像拳頭般的樹瘤。這個樹瘤具有很強的防禦力。

18 由於打枝的傷害，入侵的變色菌造成了杉木的花紋木材。星星狀外側沒有變色的木材，是打枝後又成長的年輪。

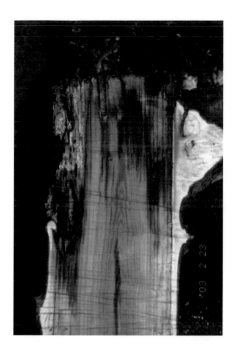

19 樹幹切斷後，切口附近快速長出潛伏芽枝。然而左側並沒有生長，使樹幹存活的部分右側較高而左側較低。切斷樹幹便造成了木材的死亡與腐朽。縱斷面兩側白的部分是受傷後新成長的木材，由於防禦層的存在，使變色菌無法入侵到新成長的木材。右側的枝條是新長的潛伏芽枝，其證據在於它變色的地方和這個枝條沒有連結的結構，因此它是新長的。

21 這棵日本花柏樹皮受傷而空洞腐朽，新的木材像是在包覆傷口一樣進行捲曲生長，形成了窗框材。

20 這是為了彌補樹幹中空造成的力學缺陷，樹幹型態因而肥大的樟樹根頭。

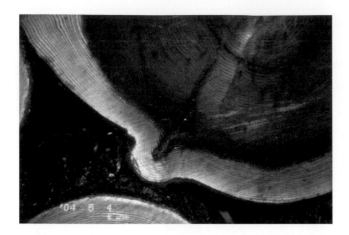

22 這棵杉木由於樹幹軸向的長形龜裂，先端受到很強的剪力應力。這個應力使形成層反應生長，形成異常的型態，在樹皮的表皮形成像一條長蛇狀的隆起。

23 櫻花的枝條斜向的伸長生長，途中又彎曲生長。平常由於彎曲的型態受到固定的風的扭轉，形成了旋轉的木紋。當受到和平常相反方向的風力時，就會造成木紋龜裂而腐朽。

24 支架上方。此外，因為支架的固定，風吹拂時樹幹上方搖動而下方不搖動，造成支架上方的樹幹肥大生長。

繪圖解說

An Illustrated Guide to Dendrology

樹木的知識

堀 大才 著

Taisai Hori

內頁繪圖
堀　大才

推薦序

站在巨人的肩上，看到大樹。

我也很想在這裡談，

堀大才大師是如何教導我、成就我的故事，吹捧我自己是大師的傳人。

但是這本書是恩師 堀大才先生近年來最新、最精彩的大作。

建議你和我一樣，趕快跳過這一頁，進入大師的樹木世界。

樹木正等著和你對話，告訴你祂千年的祕密。

因為這本書會帶領你進入前所未知，樹木的驚異傳奇的世界。

只要你喜歡樹木，你和我一樣讚嘆連連。

劉東啟

序

　　通常樹木的種子從發芽幼根開始生長，一輩子就不會離開它生長的地方。一邊適應那個土地的環境，一邊成長。因此，樹木的成長狀況受到土地環境的條件很大的影響，而這些適應的狀況就會表現在樹型外觀上。但是土地的環境也常常會有變化，樹木就會對應著環境的變化而進行新的適應，改變自己的樹型。因此樹木一直都隨著環境的改變追求樹型的最優化。不只是立地環境的改變，強風或積雪造成的樹幹斷裂，木材的腐朽，病蟲害，外力傷害，龜裂，修剪，移植等等也會讓樹木開始改變自己的型態。如此對應著環境的條件而進行樹型的變化，或者對於枝條的斷裂或鄰近樹木被砍伐等變化，造成新樹型的形成，我們加以觀察就會了解樹木的健康狀況與活力狀態，力學適應狀態以及環境的適應程度。也就是說我們觀察樹木的型態，就可以了解土壤的環境條件，也可以了解它的立地條件，病蟲害，傷害等等的過往的歷史，進而對樹木的未來進行正確的預測與管理。

　　本書對於樹木所表現的樹型，也就是「樹木的身體語言」的解讀為中心進行說明，對於樹木的生理，型態，生態等相關的基本事項也進行解說。另外，本書的圖說都是由筆者親自繪製，雖然沒有專門畫家畫得好，但是為了正確表現樹木細微的形狀，因此筆者認為自己畫比較容易，也請各位能夠理解。

　　長年以來，筆者閱讀了許多與樹木相關的文獻，在本書撰寫的時候得到了非常大的幫助，但是本書的內容大部分都是筆者自己在野外調查時實際觀察所得，因此並沒有文獻相關的考證。在撰寫時，難以引用文獻。因此將對讀者有幫助的參考文獻在本書的最後進行介紹。但筆者受到美國已故的學者Dr. Alex Shigo以及我的友人－德國的生物力學權威Prof. Dr. Claus Mattheck直接與間接的教導，成為撰寫本書重要的動機。還有NPO法人樹木生態研究會的夥伴對筆者提供了很多樹木相關的情報，在這裡深深的感謝。最後，本書的刊行受到講談社編輯部的堀恭子小姐很大的協助與支援，也在這裡表達深深的謝意。

　　2012年6月

堀　大才

新 ‧ 圖 解 樹 木 的 知 識　　　　目 次

第10章　竹子與棕櫚　162

樹木的小知識

編按：文中所提到之照片為最前方所附照片（照片1～24）。

第1章 草與樹的不同

大家都知道稻子是草本，杉木是木本。但竹子是草本還是木本呢？答案是兩者皆否。實際上，很難明確地定義木本與草本，有很多植物是介於草本與木本之間。就算是分類學上同一屬的植物，也有部分為草本，部分為木本。在分類學上，木本與草本的區別是沒有意義的。

此外，「樹木」的定義因人而異。一、長得很高，二、樹幹內部硬化，三、壽命很長，四、莖年年肥大生長。上述這四點是樹的特性。如果可以滿足以上四點的定義，就可以明確地說它是樹。但柱狀仙人掌等植物，雖然每年長高成長，但樹幹內部的組織並沒有硬化，筆者認為它不是樹。

單子葉植物一般沒有維管束形成層，因此在種子和地下莖發芽生長的階段，一次性地肥大生長後，僅會向上伸長生長，沒有二次的肥大生長。例如，竹子起初長到一定的粗度後，莖長高硬化，並長時間的持續生長，但因為沒有維管束形成層的二次肥大生長，所以竹子不是樹。棕櫚類的植物，在最開始的一次肥大生長之後，只有莖的頂端生長點向上生長，沒有形成層的肥大生長，所以椰子不是樹。但是也沒有人認為椰子是草吧？「竹子是竹子，不是樹木也不是草」，京都大學已故的上田宏一郎博士曾

這樣說過。同樣地，棕櫚是棕櫚，不是樹也不是草。但同樣是單子葉植物的王蘭、朱蕉、龍血樹等，樹幹裡圍繞著散在維管束的特殊形成層。這個形成層向外形成薄樹皮，向內進行細胞分裂，年年肥大生長，因此可稱為樹木。但是莖不太粗大，木材仍是柔軟的。

雙子葉植物的草本莖和樹木新生枝條的斷面構造和**圖1.1**幾乎是相同的。然而，樹木到第二年，維管束和維管束之間會長出束間形成層，維管束內形成層與束間形成層結合成為維管束形成層，向外長出韌皮部，向內長出木質部，如**圖1.2**。有些被認為是草本的植物，也會形成類似環狀維管束形成層；另外也有像荻類的植物，雖然被認為是樹木，但不形成環狀的維管束形成層，樹幹在數年內就會枯萎。然而，荻類也有木荻這種成為大型樹木的植物。

還有一些看起來很大的樹，環境改變了就變成草本。其中一例就是無尾熊取食的尤加利類。尤加利類中，一個屬就有非常多的種類，在澳洲有樹高90公尺以上的種類。在日本也有導入，做為綠化樹。在尤加利類中，

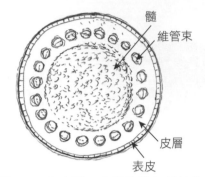

圖1.1　木本雙子葉植物當年新枝的斷面構造

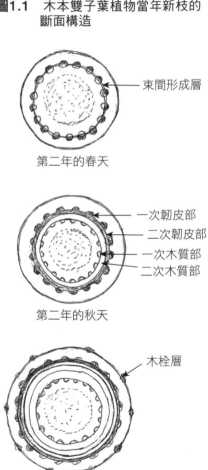

第二年的春天

第二年的秋天

第三年的秋天

圖1.2　木本雙子葉植物第二年以後的莖的肥大生長

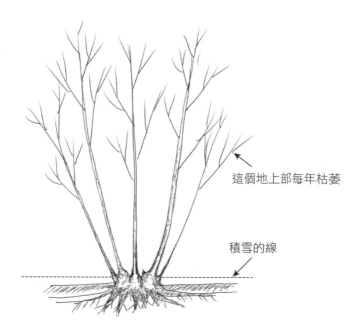

這個地上部每年枯萎

積雪的線

圖1.3　寒冷地區栽植的尤加利像多年生草本一樣的生長

選擇了原生於澳洲東部大分水嶺山脈和塔斯馬尼雅島的耐寒性樹種，種在北海道和東北地區的寒冷地，冬天的寒風使地上部死亡，埋在雪中的部分繼續活著，萌發時一年內可長2～3公尺。但是這個莖在次年的寒冬又枯死，春天再次萌芽，每年如此地重複生長（**圖1.3**）。在這種狀況下，在日本寒冷地區的尤加利只有在根頭附近的樹幹肥大生長，地上部只有當年生的枝條，被認為是多年生的草本。木芙蓉在溫暖地區可以長成樹木，在寒冷地區地上部每年枯死，也被認為是多年生的草本。

　　在遠古時代，東北石松的近親──鱗木曾經興盛地生長，達30公尺高、1公尺粗。雖然說是「木」，但由於不具有堅硬的木質部分，被認為是巨大的草。木本的蕨類，如蛇木也可高達數公尺，年年肥大，一般被認為是樹木。然而蛇木的莖並不肥大生長，而是由不定根向下生長，強化樹幹、變粗，因此也不能認為是樹。芭蕉與香蕉也是巨大的常綠草本。

第2章 樹木的生理與構造

1 · 向重力性、向光性、向水性

　　從種子長出的幼根，受重力影響向下生長，我們稱為向重力性。相對的，幼根長出的側根，為了吸收水分而向水平方向生長，稱為向水性。但是，吸收的水分如果不含充分的氧氣，根會向上彎曲，向地表生長。也就是說，向水性是向著含有充分氧氣的水生長。從種子發芽生長的胚軸垂直地向上生長，也就是逆重力方向性。從胚軸長出的莖，向光方向生長，再加上抗重力性而成為莖的生長方向（**圖2.1**）。

　　多數的針葉樹樹幹具有抗重力性，也就是向著上方垂直生長的趨性。例如，杉木不管自己的上方有沒有受到其他樹木的遮蔽，都是垂直向上生長（**圖2.2**）。多數的闊葉樹和赤松、黑松等一部分的針葉樹樹幹，具有逆重力性與向光性結合的生長方式。基本上，抗重力性垂直的向上生長，如果受到其他枝條的遮蔽，無法充分行光合作用，就會呈現向光性，向多光的方向改變樹幹生長的軸向。極好陽的赤松和大部分的落葉闊葉樹，稍微受到其他樹木遮蔽，就會向著光源方向生長（**圖2.3**）。

　　但是，樹木的光源並不只有直射的日光，全天性的散射光源也會造成影響。直射日光對於大部分的植物都是太強的光。因此，並不是多光

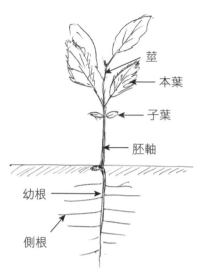

莖

本葉

子葉

胚軸

幼根

側根

圖2.1　幼根、側根、胚軸，莖的
　　　　生長方式

的南方枝葉量比較多，如果
東西南北都有天空來的散射
光，樹木並不會形成偏向的

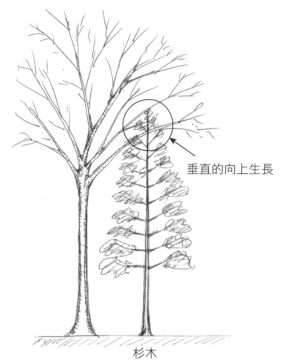

垂直的向上生長

杉木

圖2.2　大部分的針葉樹樹幹呈現逆重力趨性

樹冠。枝條基本上朝向光源斜上方生長，但是如果有對光合作用有利的光
量，也會水平或向斜下方生長。

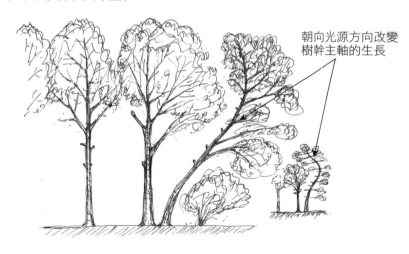

朝向光源方向改變
樹幹主軸的生長

圖2.3　大部分的闊葉樹和一部分的針葉樹顯示出向光性

2 · 輸導與儲存

樹幹和主枝從根吸收水分、氮素、微量元素，被子植物以木質部的導管，而裸子植物以假導管輸送到葉部。輸送所使用到的年輪只有外部的少數年輪，90%以上的水分是當年年輪輸送的（圖2.4）。特別是櫸木等環孔材樹種，幾乎100%的水是由當年的新年輪輸送的。葉片產生的光合作用產物由樹皮內側的韌皮部進行運輸，往下送到根的尖端為止，所以生理上，新的年輪如果是健全的，樹皮也當然是健全的。但是實際上，因為會受到風、雪等物理性的傷害，為了要有力學上的結構力，所以必須要有最低限的木材厚度。而且還有病蟲害等多樣性的傷害、越冬、防禦等等需要儲存澱粉和糖等的場所，所以必須用到數年份的年輪，如果僅在生理上考慮一年的年輪，樹木是難以存活的。樹木在樹皮與木材的活薄壁細胞內儲存澱粉與糖。

基本上，樹木運輸光合作用產物時，是將葡萄糖轉變為溶於水的蔗糖，在細胞內儲存時是以澱粉的型態，寒冬時為了提高細胞的耐凍性，澱粉會轉變成蔗糖。春天的細胞活躍時期，細胞內的儲存是以澱粉的型態進行。

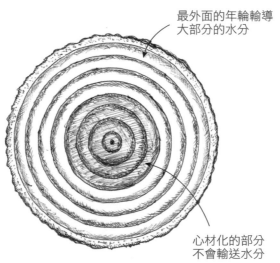

最外面的年輪輸導大部分的水分

心材化的部分不會輸送水分

圖2.4　樹幹的運輸機能

3‧分枝性

　　植物在伸長的時候樹幹跟樹枝會進行複數的分叉，這種分叉的狀態稱為分枝性。分枝性有三個大類：

①原始的蕨類——松葉蕨就有分枝性，頂端的分裂組織生長成兩個對等的軸，成為二叉分枝（**圖2.5**）。

②多數的針葉樹與雙子葉植物的山桐子可以看到這個特徵，一個主軸向側方向形成側軸的單軸分枝（**圖2.6**）。

③欅木、柳樹類等多數的闊葉樹看的到主軸或頂芽的生長停止或枯死，上端的側芽形成假頂芽，再長成枝條的主軸，稱為假軸分枝（**圖2.7**）。

　　另外，雞爪槭枝條的最尖端會形成兩個差不多的芽，這不是二叉分枝，而是本來的頂芽停止生長，側芽形成假頂芽的假軸分枝。日本厚朴與日本七葉樹枝幹的頂端具有大的芽的單軸分枝，但頂芽枯萎衰弱而由側枝形成主軸的特性很強，因此在年輕時是單幹，但老樹時則向上形成多分

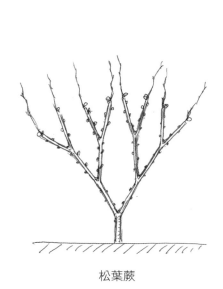

松葉蕨

圖2.5　二叉分枝

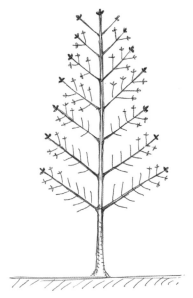

冷杉等針葉樹

圖2.6　單軸分枝

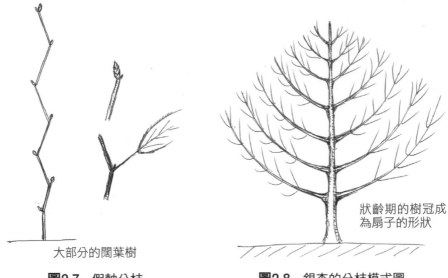

狀齡期的樹冠成
為扇子的形狀

大部分的闊葉樹

圖2.7　假軸分枝　　　　　**圖2.8　銀杏的分枝模式圖**

枝。銀杏也是單軸分枝，但側枝向上生長的性質很強，如圖2.8的樹型。許
多針葉樹在主軸被切除後，側枝中的一枝會向上生長，形成單軸分枝繼續
生長，但銀杏則會形成複數的主軸枝條。

 樹木的小知識1　　反應材

反應材是樹幹傾斜的時候，為了讓樹體回到直立型態所形成的木材，從
年輪來看，呈現偏心狀態的比較多。針葉樹是壓縮反應材，闊葉樹是拉張反
應材。大枝跟小枝都會形成反應材。壓縮反應材和拉張反應材的形成是遺傳
決定的，反應材的形成也需要支持的組織。例如，針葉樹在樹幹下方形成反
應材，於是必須要有連接反應材的根系，而闊葉樹傾斜側的反方向也要有形
成拉張的根系。壓縮材的假導管細胞橫斷面的角呈圓形，也就是細胞間隙形
成，細胞壁的微小纖維軸方向的配列角度變大，木質素含量增多，纖維素含
量變少。拉張反應材的部分，纖維細胞和假導管細胞壁的軸方向配列角度變
小，纖維素的含量增多，木質素的含量變少。有時幾乎不含有木質素的G層會
形成二次壁（S層），而許多的闊葉樹不形成G層。G層是膠質層的意思，因
為它在顯微鏡下看起來像膠質。

4 · 頂芽優勢

　　冷杉、雲杉等大部分的針葉樹，是由垂直伸長的單一主幹和從樹幹上長出的大量側枝所構成的，在樹幹的頂端枯萎或衰退前，側枝不會成為主幹。側枝長出的小枝也在側枝的尖端枯萎或衰弱前一直維持小枝的型態（**圖2.9**）。這個性質稱為頂芽優勢。像櫸木等假軸分枝的樹木形成無數的分枝，當季長出的枝梢，其枝條的頂端形成大的芽，枝條的下方的側芽都是小芽，下一季發的芽也只有頂端的芽，下位的芽成為潛伏芽（**圖2.10**）。於是頂芽的優勢除了主幹，在其他的側枝系統也是存在的。

　　頂芽優勢強的時候，莖的頂端會產生叫做生長素的植物荷爾蒙，順利向下供應的期間，抑制著側芽的生長，使其不成為主軸。上方供給的生長素減少時，由根部來的植物荷爾蒙細胞分裂素的影響增強，側芽或側枝會取代主軸開始生長。

　　將樹木的樹幹如**圖2.11**切斷，樹幹上方來的生長素停止供給，留下來

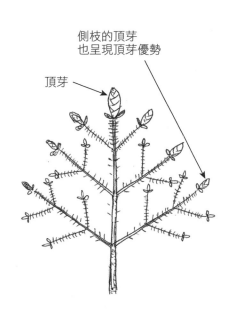

側枝的頂芽
也呈現頂芽優勢

頂芽

圖2.9　針葉樹枝條的頂芽優勢

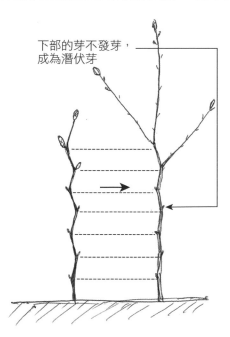

下部的芽不發芽，
成為潛伏芽

圖2.10　闊葉樹的枝條的頂芽優勢

最上方具有活力的枝條或芽，會形成新的主幹向上生長。上方複數的枝條具有同樣的活力狀態時，就會形成雙主幹或者多主幹。於是形成新的主軸，就會從新的頂芽供給生長素，形成新的頂芽優勢。針葉樹的話，成為新主幹的枝條會如**圖2.12**所示的生長，並且有三個位置會形成壓縮反應材，如**圖6.27**所示。闊葉樹的

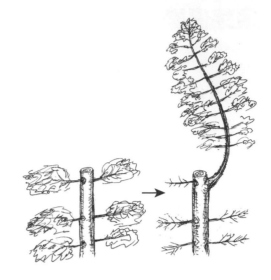

圖2.11 切斷針葉樹樹幹後，存留枝條的生長型態

主幹被切斷後留下的枝條，最上方的枝條形成新的主幹向上生長，樹幹附近的枝條無法形成拉張材，就會形成支持材，並在其上方形成拉張材（**圖2.13**）。

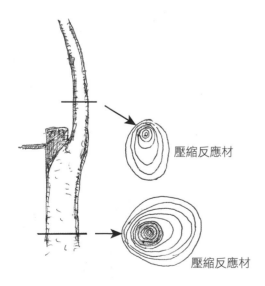

圖2.12 頂端被切斷的針葉樹型成新的樹幹的生長型態與壓縮反應材的形成

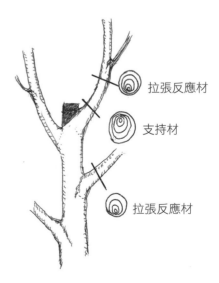

拉張反應材

支持材

拉張反應材

圖2.13 頂端被切斷的闊葉樹型成新的主幹與拉張材和支持材的形成

5‧莖與根的不同

　　不同的樹種，其莖的型態差異很大，從莖就差不多可以判定樹種。根不像莖這樣的分化，只看根很難判斷樹種。

　　由雙子葉一年生的莖的斷面來看，中心是髓，外側環狀地排列維管束，維管束內有韌皮部、束內形成層、木質部。這個構造和雙子葉植物草本的莖是相同的。第二年時，維管束和維管束之間的束間形成層以環狀連結成形成層，內側是木質部，外側形成韌皮部，開始進行肥大生長。莖有節，節上著生芽和葉，節是在頂端分裂組織生長成枝梢時形成的，枝梢的伸長生長就是節間的伸長。

　　根尖端白色細根的部分沒有髓，如**圖2.14**。其韌皮部、形成層、木質部的排列與莖不同。第二年的根生長也會形成環狀的形成層，肥大生長開始。表皮在肥大生長時破裂，皮層變成木栓形成層，形成一次周皮。一次周皮破裂後和舊的韌皮部變成木栓形成層，進行二次周皮的形成。根的木栓層不像地上部的木栓層那麼厚。

　　根不像枝條會受到風的搖擺，因此不會折斷，木質部的細胞壁變薄，木質素比較少。莖從節長出側枝，而新根是從側根的內鞘長出（**圖2.15**）。因為沒有節，內鞘的任何部分都可以長根。內鞘內側的放射線狀中心柱的木質部和內鞘直接連結，從此

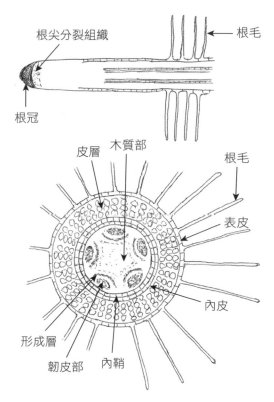

圖2.14　根先端的細根部分的構造

長出新根。接著中心柱內的形成層細胞分裂、肥大生長形成的表皮、皮層、內皮、內鞘依序被破壞，側根就由樹皮內的內鞘、形成層、皮孔木栓形成層、韌皮部放射組織等部位長出。

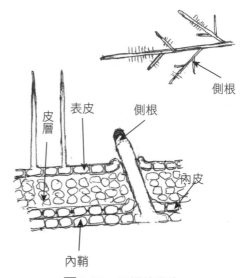

圖2.15　側根的發生

　　根和樹幹、樹枝不同，不會形成反應材，因此針葉樹與闊葉樹的偏心生長都是連結上方的壓縮材或拉張材的應力而形成的。根受到強的彎曲力，上方就會形成拉張材，再加上下方受到壓縮力的作用，會如同**圖2.16**一樣上側下側都旺盛的進行年輪生長，但中間的部分不生長，形成8字字型。若只有上方的拉拔強力作用，就會呈現極端的偏心生長，如**圖2.17**。

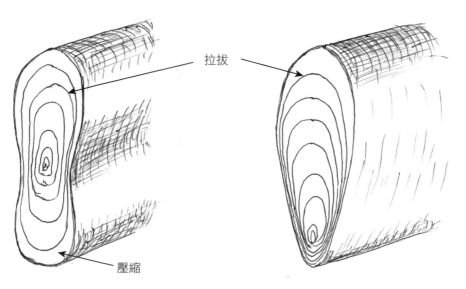

圖2.16　受壓縮和拉拔所形成的根的年輪，呈8字字型的偏心生長

圖2.17　只有上側強力的拉拔，呈現極端的偏心生長

6 · 葉的蒸散與樹冠的集水

　　樹木吸收二氧化碳與水進行光合作用，生產醣類等有機物。樹木從根吸收水分後進行蒸散作用，蒸散作用所使用的水份量是光合作用的50～100倍，甚至更多。為什麼樹木需要這麼大量的水分來進行蒸散呢？這是因為光合作用的適合溫度約為攝氏25度左右，葉面在太陽的照射下產生高溫，有時接近攝氏40度左右，就會使光合作用機能顯著下降，於是葉面需要水分蒸散的汽化熱來進行降溫。此外，除了農耕地以外，大部分自然土壤中的水分接近純水，水中的氮素及微量元素的溶解量非常的少，為了要吸收大量溶於水的養分，樹木必須要大量的吸收水分以蓄積這些營養鹽類。由於樹木消耗了大量的水分，因此，有根系分布的區域與根系不存在的土壤，其水分狀況並不相同，根系大量存在的土壤一般是乾燥的。但是降雨的時候，如果只有枝葉溼潤，天晴後就蒸散掉，水就無法達到樹冠下的地面（**圖2.18**）。於是樹木呈現慢性的水分不足現象，有時候降下的雨水蓄積在根頭，能補足水分的不足。樹冠的枝條分布如**圖2.19**，下垂的枝條讓水滴落在根頭，向上的枝條像漏斗般蓄積雨水在樹幹，提供根頭。此外，細的枝條能捕捉雲霧的浮游水滴，匯積在根頭。抵達地面的水沿著根系送到具有吸收功能的根尖。

圖2.18　小雨的時候，水被樹冠遮蔽

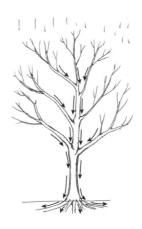

圖2.19　樹冠像漏斗般匯集了雨水到樹幹

7・葉的構造

（1）葉的斷面構造

　　一般而言，闊葉樹的葉片斷面如**圖2.20**。最表層是角質和蠟所形成的角質層，下面是表皮、柵狀組織、海綿組織、葉背由許多氣孔的表皮及角質層組成的構造。但是韌皮部和木質部所形成的維管束，也就是葉脈，分布在很多地方。針葉樹，例如黑松**（圖2.21）**，中央有兩條維管束，外面環繞著柵狀組織，內鞘的外側是海綿組織，再外面是三層薄的表皮細胞，外面包裹著角質層。角質層是由表皮細胞分泌的。樹木的葉片有時候會長毛，

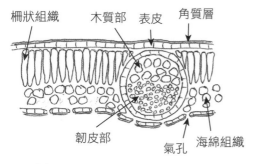

圖2.20　闊葉樹的葉片斷面構造

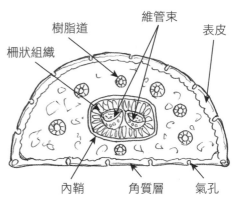

圖2.21　黑松的針葉的斷面構造

圖2.22　葉片表面的毛狀突起

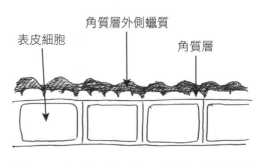

圖2.23　表皮上的角質層和角質層外側蠟質

這和細根的根毛相同，是表皮細胞的突起，稱為毛狀突起（圖
2.22）。有些葉片的葉表和葉背會覆蓋著白粉，這是角質層上面堆疊著的
蠟所形成，稱為角質層外側蠟質（圖2.23）。角質層與外側蠟質層能夠防
止強烈的日照，特別是紫外線對細胞的傷害，也避免表面的水分蒸散，並
防止雨水、污染物質的滲透及病原體的入侵，下雪時，防止葉細胞凍結。

（2）陽葉與陰葉

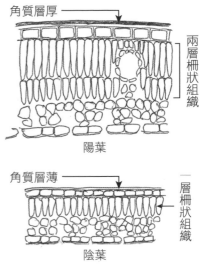

圖2.24　陽葉（上）與陰葉（下）的斷面

林內生長的灌木與高木的下枝得到的
光線微弱，葉片一般較薄。相對地，林冠
上部與孤立木的枝條受到很強的光，葉片
比較厚。這些葉片的斷面如圖2.24，陽葉
的角質層與表皮細胞層較厚，光合作用進
行的柵狀組織為兩層，有時可長到三層；
而陰葉相對的角質層與表皮層較薄，只能
透過弱光，柵狀組織只有一層。

（3）葉子的表面和背面

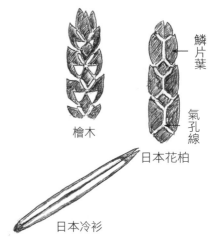

圖2.25　針葉樹的葉背的氣孔線

葉片表面與背面綠色的狀態並不相
同，一般表面顏色較深，葉背較淡。這
是因為葉背有大量讓空氣出入的氣孔，
且海綿組織的間隙，光是散射的。另
外，葉表有光滑的角質層覆蓋著，下雨
時水也很容易滑落，但葉背角質層不發
達。以茶花為代表的闊葉樹，常綠闊葉
樹的葉片角質層特別平滑發達。白背櫟

的葉背是白色的，刮它的落葉會有很多的白粉，這是葉背有許多魚鱗狀的角質層外蠟質。此外，還有很多針葉樹有不同的葉背，例如檜木是Y字型的，日本花柏是X字型的，羅漢柏呈W字型，日本冷衫有兩條白色的線狀（**圖2.25**）。這個部分稱為氣孔帶或氣孔線，白色的部分是在氣孔列的上方阻止水滴與微生物通過的角質層外蠟質。

（4）黃葉，紅葉，褐葉及落葉

　　葉子因為某些原因不能維持光合作用的機能就會落葉，落葉之前葉綠體分解，葉片裡的氮素及鎂等微量元素回收到枝條，褪去綠色。葉片有活力時所存在的類胡蘿蔔素會在過程中顯色，葉片轉黃。葡萄糖與蔗糖被酵素分解時受到了紫外線的影響，產生一種類黃酮稱為花青素，因而轉為紅葉。

　　楓樹等落葉闊葉樹的紅葉在秋天呈現鮮豔的紅色，氣溫在5℃以下，楓葉就一起轉紅。5℃對於多數的溫帶植物而言是生理上的0℃，是大部分的代謝機制都會停止的溫度。會變紅葉的樹木在氣溫5℃以下，無法正常地進行光合作用，枝和葉柄之間形成離層，停止水分的供應，然後落葉。在落葉之前葉綠體就被酵素分解，葉片裡殘留的微量元素及氮素在離層形成前被回收。但是由於醣類不能夠全部回收，有些醣類仍會留在葉子裡。這些醣類受到酵素及紫外線的影響，形成花青素造成紅葉的現象。

　　花青素合成的意義有以下的假說。樹木在低溫時，樹勢下降不能充分地行光合作用，葉中的葉綠體在分解後回收必要成分。此時葉綠體中的葉綠素外露，受到光線的影響而活躍。如此會產生毒性強的活性酵素，造成葉的細胞壞死，就無法回收必要成分。於是，產生能夠有效吸收青光的花青素，便能避免葉綠素的活性化。另外，有些報告指出，花青素較多的葉子比較不會受到蚜蟲的侵犯。

黃葉是葉綠素減少，讓一直被遮蔽的類胡蘿蔔素顏色呈現出來的現象。類胡蘿蔔素是萜烯的一種，屬於四萜，而由碳及氧形成的是胡蘿蔔素，另外含有的物質為葉黃素。類胡蘿蔔素有很多種類，因此會呈現不同的黃色。

櫸木與櫟屬楢樹類植物紅葉時呈赤褐色，稱為褐葉。褐葉是葉綠素減少，和丹寧的物質酸化重合，形成櫟鞣紅物質的顏色。仔細看變紅的櫸木葉片，一片葉子中就有鮮紅、橙黃色、深赤褐色三種顏色，再加上部分殘存的綠色，成為四種顏色。像這樣一片葉子有很多顏色的變化，是葉片重疊使葉的某些部分受到的紫外線量不同及蟲害程度不同時容易產生的現象。

在寒冷地區及冬天乾燥的地區，杉木在冬季葉子也會變成赤褐色，這是葉片中的葉綠素和葉黃素減少，呈現一種紅色胡蘿蔔素顯色的狀態。通常春天時葉綠素增加，葉片就會再回到綠色，冬天的時候受到寒風害，就與枯萎的樹木呈同樣的顏色。究竟葉片變紅的杉木是枯掉還是活著，在春天來臨前是很難了解的。

並不是只有秋天才會有紅葉、黃葉及褐葉，很多常綠闊葉樹在新葉展開時，也會呈現紅黃葉。樹勢不良的落葉闊葉樹，在夏天或初秋時也會變紅黃葉再落葉。此外，野漆與櫻花在初秋天氣仍暖之時就會變紅落葉。總而言之，紅黃葉現象是葉子因為某些原因不能行光合作用，在葉片脫落前會回收氮素與微量元素，大多的落葉闊葉樹約以5℃為界線，樹種不同也有一些差異。樹勢不良的樹木，如果氣溫稍微變化或持續乾燥也會產生對光合作用的不利條件，因而提早變色落葉。

相對的，落葉闊葉樹也有不變紅黃葉的樹種。毛赤揚與日本橙木的葉子在晚秋或初冬時依然呈綠色，到了0℃以下時綠色就會稍微褪掉後落葉。這些樹種不將能量用於顏色變化，在生理的界線內持續行光合作用，於是就無法回收氮素和鎂等構成葉綠體的成分。

8‧外樹皮

（1）周皮和木栓層

　　樹木年輕的莖是由維管束形成層形成次生木質部與韌皮部進行肥大生長，莖的表面覆蓋著表皮，受到成長應力的拉扯後造成軸方向的分裂。於是裂開的表皮內側的皮層組織細胞，有時表皮細胞會再度得到細胞分裂的能力，外側形成木栓層，內側形成木栓皮層。這種再度進行細胞分裂形成的薄層細胞稱為木栓形成層。以上的木栓層、木栓形成層與木栓皮層，合稱為周皮。

　　木栓形成層是一層到數層細胞壁薄的細胞列，而木栓層是由已經死亡的木栓細胞所構成。木栓層的斷面沒有間隙地以放射方向排列著四角形或六角形的筒狀長細胞，細胞膜的內側中空且充滿空氣，細胞壁裡有蠟物質的木栓質，有時候沉澱大量的木質素，避免水分滲透與蒸發、防止病蟲害的入侵，也遮蔽了直射日光所產生的熱。

　　木栓皮層是由數列的薄壁細胞構成，細胞壁富含纖維素。最外層的木栓層非常薄或者脫落，使光照到木栓皮層細胞時，細胞內的白色體就會轉換成葉綠體，進行光合作用。木栓皮層在年輕的莖中因一次皮層肥大成長而被破壞後，就會成為二次皮層。樹皮不斷變薄的樹種，其最外層的木栓皮層與內側新的周皮形成時，和韌皮部的連絡就會終止，無法行光合作用而木栓化，並在木栓化後失去柔軟性，於肥大生長時脫落。

　　表皮破損後，皮層組織中形成的一次木栓形成層的細胞分裂週期變短，在莖的肥大生長時被破壞，但是維管束形成層的細胞分裂每年會形成新的韌皮部，而被推出的舊韌皮部細胞再次細胞分裂，轉為二次木栓形成層，形成周皮。

　　周皮因為肥大生長，而由內側逐漸脫落。木栓層時常脫落的樹種，樹皮呈現薄的狀態，而不脫落的樹種，木栓層可以重疊形成厚樹皮。

如上述，最初的木栓形成層是由莖最外層的皮層形成，之後由原有周皮內側的韌皮部細胞每年形成，而原有的周皮外側逐漸向外推。一般而言，木栓形成層並非樹幹全面均勻生長，而是區域性形成，形成的位置每年也會改變。不過，麻櫟與栓皮櫟的木栓形成層是樹幹全面均勻形成，木栓形成層逐漸替換，形成樹幹全體都很厚的木栓層。外側愈老的木栓層是在周幹小的時候形成，當樹幹肥大生長，會形成溝狀（**如圖2.26**），成長旺盛的地方形成較大的溝底，呈現明亮而嶄新的周皮顏色。

白樺與山櫻等樹種，其最初的周皮會長時間存活，肥大生長造成切線方向的拉扯，細胞的數量增加，並以切線方向加長生長，就會形成橫向纖維發達的樹皮。特別像是山櫻與大山櫻等樹木橫向生長時，皮孔以橫向排列而成（**圖2.27**），形成櫻花特有的橫紋樹皮，常用於木飾加工。

日本冷杉、櫸木等最初的周皮長期持續生存，但並不形成像山櫻的橫紋，只有呈現稍微橫向生長的狀態。櫸木等樹木的樹皮橫紋不長，皮孔的排列也是橫向排列。櫸木的壯齡木與受傷木在陽光直射樹幹的部分，木栓形成層分裂旺盛，外側的木栓呈現鱗斑狀剝落，使樹皮不光滑。

法國梧桐和紫薇等樹皮的木栓組織不發達，木栓皮層旺盛的進行光合作用，數年後組織老化時，皮層會全面木栓化。木栓化後皮層失去柔軟

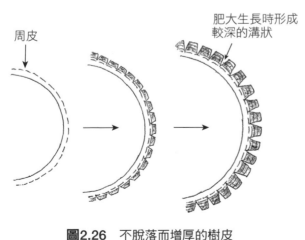

周皮

肥大生長時形成較深的溝狀

橫向排列的皮孔列

圖2.26　不脫落而增厚的樹皮

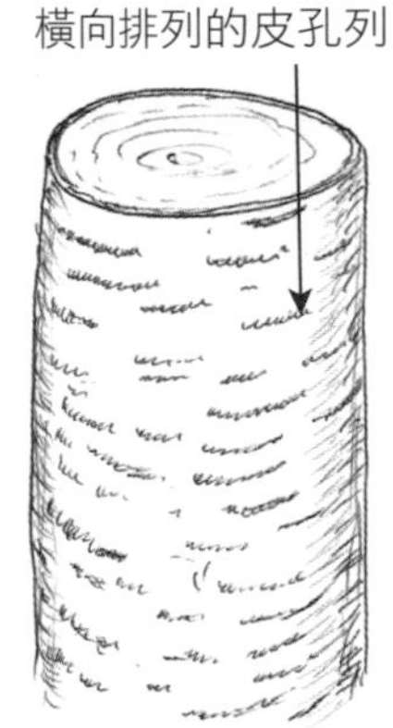

圖2.27　受到橫向拉扯而生長的樹皮

性，在樹幹肥大生長時脫落，內側形成新的周皮，進行組織的新陳代謝。這樣的樹皮新陳代謝會在樹幹全面以斑狀進行（**圖2.28**）。

衛矛的年輕枝條斷面呈四角形，當年生的枝條對角的兩個角的表皮沿著軸向縱裂，在此形成木栓形成層，為了產生放射方向連續的木栓組織，而形成了特異的翼狀木栓層（**圖2.29**）。這個翼狀的木栓層使柔軟的長枝具有較強的彎曲應力，並支持著細長枝條水平與斜向方向的生長。和衛矛近親的其他衛矛類，其年輕枝條的木栓幾乎不發達，於是枝條呈現下垂的傾向。

赤松枝幹的上部有容易剝落的赤褐色木栓層重疊著，木栓層下方的皮層組織具有葉綠體能進行光合作用，而樹幹的下部則會形成和黑松同樣厚的木栓層（**圖2.30**）。容易剝落的木栓層部分與厚實重疊的木栓層部分有明顯的交界。雖然這個差異是如何形成的仍不明確，但有一個重要的原因是，肥大生長造成了樹木外周擴大率的差異。假設年輪成長的幅度相同，樹幹粗、細部分的成長擴大率是不同的，細的部分極激烈地增大。一般來說，樹幹的肥大生長會在光合作用活躍的枝條下方旺盛進行，所以樹冠位置較高的樹木，樹幹上部的年輪寬幅比下部的還要大。像這樣的成長率差

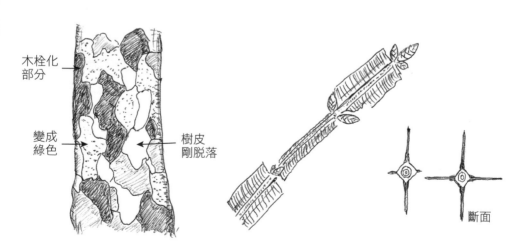

木栓化
部分

變成
綠色

樹皮
剛脫落

斷面

圖2.28 時常剝離替換的樹皮　　　**圖2.29** 衛矛年輕枝條的十字形木栓

異之所以是重要原因，證據如下述，傾斜樹幹的下側和上側樹皮，狀態明顯不同。赤松樹幹的下側因為壓縮反應材的形成，肥大生長比樹幹上側發達，上側樹幹的肥大生長較小，於是樹皮剝落較少，形成較厚的木栓層。相對的，下側的樹皮不斷地剝落。另外還有一個可能因素是樹幹的搖晃，樹幹愈上方受到風的搖晃變形愈大，樹皮受到壓縮與拉拔的力量。由於木栓化的外樹皮幾乎不能伸縮，頻繁的彎曲會造成樹皮脫落，而樹根附近的樹皮因為不變形，所以不容易脫落。

　　杉木與檜木的樹皮（**圖2.31**）被用於傳統日本建築的屋頂瓦片，因為杉木和檜木的樹皮是縱長分裂的纖維。檜木瓦是將直徑70公分以上的檜木樹皮，在有可能新生的狀況下將之剝取利用；而杉木瓦則要剝取新砍下的杉木，因為杉木的樹皮再生能力不佳，難以重複剝取活樹皮。

　　樹木的組織受傷時也會形成木栓。例如，枝條上的綠色橘子表皮受傷時，受傷的部分會隆起變成土黃色。這並不是由木栓形成層形成的，而是細胞直接木栓化，也就是細胞死亡後細胞壁木栓化的現象。薄樹皮的樹木受傷時，皮層與韌皮部就會變成木栓形成層，產生木栓。一旦受傷過的木栓形成層所形成的部位比其他地方更旺盛地形成木栓，木栓就會浮現受傷的形狀。櫸木的樹皮受到病原菌感染時，周皮和木栓會異常地生長，感染部位會年年逐漸擴大，形成像火山

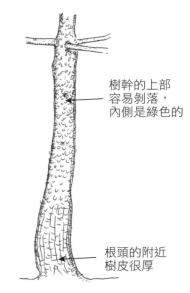

樹幹的上部容易剝落，內側是綠色的

根頭的附近樹皮很厚

圖2.30　赤松樹皮的變化

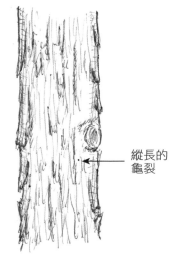

縱長的龜裂

圖2.31　杉木與檜木的樹皮

狀的圓錐形現象（圖2.32）。這個異常發達的木栓很容易剝落，所以很少能形成完整的圓錐形。

小葉青岡的樹皮比較平滑，但不會脫落，也不太會變厚。但是公園內的小葉青岡樹皮則很少是光滑的，反而密生著粒狀的木栓。這是櫟介殼蟲的寄生所造成的影響。介殼蟲寄生在樹皮表面，使樹皮長出小的瘤狀木栓，這個木栓包覆著介殼蟲，防止受到螞蟻等天敵的攻擊。這便是蟲利用樹木防禦反應的例子。

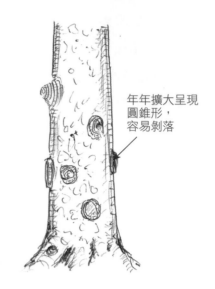

年年擴大呈現圓錐形，容易剝落

圖2.32　櫸木異常的圓錐狀木栓

（2）皮孔

皮孔是枝、幹及表面木栓化的根的空氣進入口，為了防止病菌侵入，木栓形成特殊的過濾狀態（圖2.33）。皮孔是由木栓形成層和別的皮孔木栓形成層所形成。山櫻的皮孔，是由樹幹和大枝的肥大生長造成樹皮橫向拉扯，皮孔慢慢互相鄰接所形成，是橫向排列的皮孔（圖2.34）。另外，樹皮沒有剝離過的年輕櫸木也有同樣現象。根和莖相比很少形成皮孔，但是表土層的水平根比較常見。有些樹種的根和莖浸泡在停滯水中呼吸困難時，皮孔木栓形成層不形成皮孔，而是形成皮層通氣組織。皮孔木栓形成層也是不定根的原基。

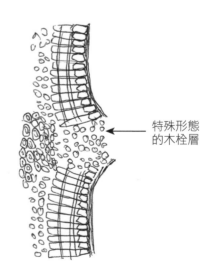

特殊形態的木栓層

圖2.33　皮孔的斷面

（3）樹皮的光合作用

　　年輕的莖是綠色的，是由於表皮內側的皮層細胞旺盛進行光合作用。年輕枝條的一次皮層在數年後被莖的肥大生長破壞，韌皮部薄壁細胞的一部分成為木栓形成層，回復細胞分裂機能，形成周皮。木栓層時常剝落，光線可以達到皮層的薄皮樹種，其周皮所形成的木栓皮層具有葉綠素，可以行光合作用。尤加利類、法國梧桐類、鹿皮斑木薑子、紫薇、櫸木等不形成厚木栓層的樹種，最外層的周皮時常更新，樹幹全體可以行光合作用。尤加利的木栓層老化時會軸向的脫落，脫落後的樹皮是黃白色，過一陣子會成為綠白色，刮傷表皮就可以看到皮層組織是呈現綠色的。針葉樹白皮松木栓化的部分成為斑點綠白色的樹皮，可以行光合作用。黑松只有很年輕的莖能行光合作用，長胖以後，外樹皮的內側形成新樹皮，但由於外樹皮不脫落，樹皮內也就不進行光合作用。相對的，赤松的外皮逐漸脫落，除了木栓層很厚的樹幹下方，幾乎樹幹和樹枝全體都可以行光合作用。

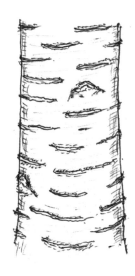

圖2.34　櫻花樹的皮孔排列

9・潛伏芽

大部分的樹木在修剪或枝條受傷後，會在樹幹或枝條上長出新的枝條，企圖回復失去的枝葉（**照片12**）。這些新生的枝條稱為蘗枝或徒長枝等。這些新的枝條長出的位置事先就決定了，闊葉樹是源於腋芽（**圖2.35**）。在樹幹或是大枝還是枝梢的階段，葉柄的腋部有小芽，這些芽在第二年發芽長成新的枝梢，但枝梢下方的芽隔年不發芽，就這樣長期休眠，成為潛伏芽。然而，潛伏芽埋在樹皮下方，隨著年輪繼續生長，條件具足時，突破樹皮而生長。所謂條件就是，樹冠上方提供的生長素影響變小，細胞分裂素影響變大。生長素抑制了側芽的發芽及生長，而細胞分裂素會促進側芽的形成及伸長。

枝條的潛伏芽在樹幹生長時埋入樹幹卻持續生長，年年在樹皮最內側持續性生長，枝條的周圍，特別是兩側和下部的芽，成為潛伏芽。但是，枝條上方的芽，也就是向著樹幹中心生長的芽不會成為潛伏芽。這些潛伏芽的排列在欅木、朴樹、日本辛夷等樹皮是很明顯的（**圖2.36，照片11**），厚皮的樹種在木栓中深埋，就不明顯了。

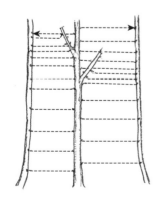

圖2.35　長期休眠狀態的腋芽

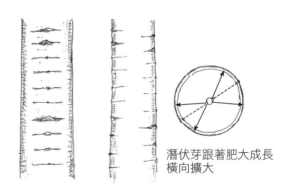

潛伏芽跟著肥大成長橫向擴大

圖2.36　欅木與朴樹潛伏芽的排列

10 · 根系

（1）根分布範圍

　　包括造園學的許多專家，都認為樹根分布的範圍和樹冠的範圍幾乎相同，形成造園界共同的錯誤觀念。其實，樹根如果沒有切斷、衰退，或障礙的石頭等影響根生長的阻礙時，根系的範圍遠遠超過樹冠（**圖2.37**）。如前述，樹木的根吸收大量水分，土壤中沒有根的地方含水量就會比較多。樹木的根為了尋找水源會超過自己的樹冠範圍向外生長。此外，能夠吸收水分、氮肥、微量元素的根是根尖沒有木栓化的部分，於是尖端木栓化就會喪失吸水能力。為了不斷地吸收水分，根尖會持續的伸長生長。

　　樹木的根系，除了會受重力影響的下垂根，大部分的根因為向水性而向水平方向生長。向水性的根水平生長的理由是，吸收水分時需要能量，能量的取得必須要進行有氧氣的呼吸作用。淺層的地表含有較多的氧氣，於是根系必須在氧氣充分的淺層土壤生長。因此，這是向水性和氧氣所造成的根系向性。

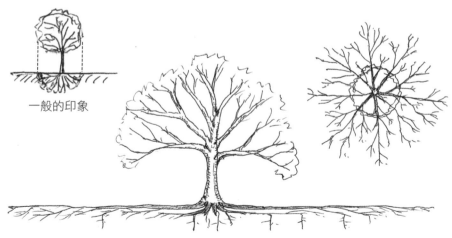

一般的印象

實際的根系超過樹冠的範圍很廣

圖2.37　根系的分布狀態

（2）根尖端的構造

　　細根是根的尖端數公分以內的白根部分。最尖端是根冠，它的內側有根尖分裂組織。根尖分裂組織旺盛的細胞分裂形成根。根尖分裂組織的細胞分裂不斷地推出根冠而伸長，在土壤中以螺旋狀運動，尋找生長的間隙。根冠為了防止土壤及石礫不斷摩擦使根受傷，必須要由根尖分裂組織不斷地補充。脫落的根冠細胞附著於細根的表面，細根分泌的黏液與有機酸、可溶性糖等會形成根圈。樹木的根系中，具有吸收水分、氮素、磷酸、鉀肥等成分能力的只有細根，根分叉生長增加細根，提高了養分與水分的吸收能力。細根會因為表皮細胞的木質化、木栓化而喪失吸收能力，於是尖端持續生長，吸收能力就會移動到新的根尖。

　　根尖分裂組織的細胞分裂所形成的細根逐漸組織化，如**圖**2.14。養分與水分從表皮細胞及皮層細胞的細胞壁與皮層細胞的細胞間隙自由地通過，但水分只有從細胞的內部，也就是細胞膜內通過。通過皮層的養水分到達內皮。內皮細胞的細胞壁具有卡氏帶，是由木栓質或木質素形成的不透水層（**圖**2.38），養水分必須要從內皮內側的中心柱進入到內皮細胞的細胞膜內。此時，內皮細胞膜旺盛的呼吸而得到能量，以進行通過物質的取捨。此時所消耗的氧氣是土壤水中溶解的氧氣，並不是土壤孔隙的氣態空氣，所以土壤水不含氧氣，細根就無法吸收。

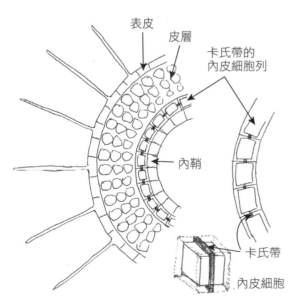

圖2.38　卡氏帶（內皮細胞壁中的不透水層）

「根圈」受到細根包覆黏液物質的影響，在厚約1mm以下的範圍，是多樣性的微生物棲息及多樣的根分泌物所造成的複雜生態系。根圈裡固定氮素作用的半共生或自立生活的微生物大量的生息，提供根部氨態氮，而根提供微生物糖的代謝物質。根分泌有機酸，溶解不溶性的磷酸化合物，使其可以吸收，並包覆鋁等毒性物質使其成不溶性（圖2.39）。

如果土壤到深處也是蓬鬆的，沒有伸長生長的障礙，主根就可以因重力趨性向下生長，一直到土壤水分中缺乏氧氣的地方。如此一來，根的尖端活性就會下降，根尖分裂組織的細胞分裂素生產下降。葉和芽產生的生長素由韌皮部往下輸送的影響就會增加，形成側根。側根是由內皮的內側、中心柱最外側的內鞘薄壁細胞分裂而成（圖2.40）。根的二次肥大，會造成根斷面最外層的表皮破壞，側根就會形成形成層、放射組織、內鞘、皮孔木栓形成層。

（3）不定根

從胚胎與根以外的組織、器官所長出的根稱為不定根。裸了植物和雙子葉植物從胚胎生長的幼根先形成主根，再發生側根而形成根系。單子葉

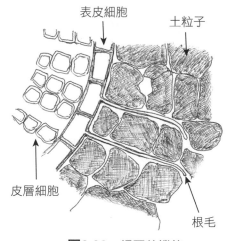

圖2.39　根圈的機能

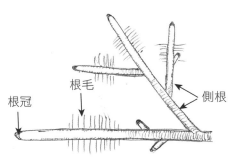

圖2.40　側根的形成

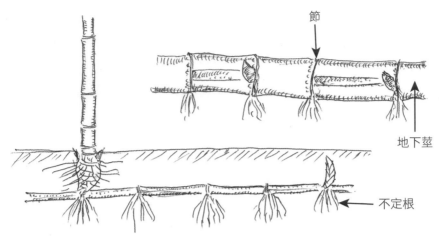

圖2.41　竹類的不定根

植物的幼根快速的衰退，胚軸及莖下部長出的不定根不太進行分枝生長，而形成像鬍鬚的根系支撐著植物體。這在禾本科特別明顯，例如竹子類由地下莖及稈的基部的節產生不定根（**圖2.41**）來吸收養分與水分。幾乎大部分單子葉植物的不定根，不會像樹一樣的肥大生長跟分枝，型態單純。

　　雀榕、榕樹、印度橡膠樹等桑科榕屬的喬木，從樹枝、樹幹長出像線的氣根向下垂，吸收空中的水分，到達地面後伸入土中快速肥大，受壓側形成支柱狀的根，而拉張側形成像纜繩的支柱。

　　不定根的原體是由維管束形成層、韌皮部、韌皮部放射組織、木質部放射組織、內鞘、癒傷組織等的分生組織形成的。不定根原體的形成和生長素、乙烯、激勃素等植物荷爾蒙有很大的關係。另外，傷口、樹木的腐朽、蟲的穿孔木屑與糞便、適當的溼氣也有很大的關係。但若只有傷口而周圍沒有腐朽材或蟲糞，癒傷組織不會變成不定根。櫻花類從透翅蛾幼蟲的穿孔痕常會長出不定根，而天牛幼蟲的穿孔產生的大洞容易乾燥，不容易長出不定根。多數的樹種不管發生在什麼樣的地方，不定根和一般的根組織及型態沒有差異。樹皮和邊材腐爛時容易長不定根，可能是腐朽部分的微生物產生微量的生長素所影響。

　　柳樹類枝條的韌皮部外側、和皮層交界處的內鞘是不定根的原基，

枝條著生在樹幹時不會長出不定根，切斷進行插枝就會長出根。在河川旁生長的柳樹被洪水沖走後會在漂流定著的地方長出根（圖2.42）。此外，沒被沖走卻倒折的樹木也會從樹幹與樹枝長出不定根，而根就會發展成支持根，再直立生長。因此，有些

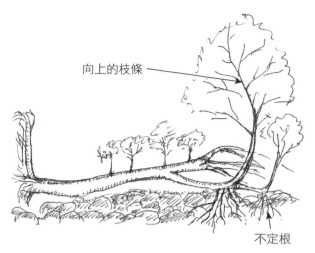

向上的枝條

不定根

圖2.42　倒伏的柳樹枝條長出根

河川上下游的植物遺傳因子是相同的。利用柳樹的特性，使用柳樹的插枝防止山坡斜面土壤的崩壞。

　　有些樹木的木質部放射組織到韌皮部放射組織是不定根的原基，而有些樹種的皮孔木栓形成層是不定根的原基。很多活樹的不定根伸入木材的腐朽部分及樹皮壞死的地方（圖2.43），將包覆的樹皮剝落、去除腐朽部分，不定根就會乾燥死亡（圖2.44）。大部分的不定根在途中枯死，到達土壤表面長根，活力強的細根快速的肥大生長，提供樹幹大量的養水分。

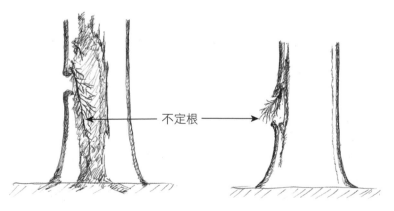

不定根

圖2.43　伸入木材腐朽部的不定根

圖2.44　由腐朽材及死亡樹皮伸出的不定根

第3章 樹型的意義

1．熱帶的樹型和極北的樹型

　　在赤道下方的地區，太陽照射的偏斜角度一年最多只差23度26分。因此，熱帶地區整年在正中午的時候，太陽大約位在正上方。於是，非常明亮的散射光從天上照下。若要將太陽光進行最大限度利用，形成傘形樹冠是最有利的（**圖3.1右下，照片1**）。傘形的樹木常會被羊等草食動物吃掉下方枝條。在森林裡形成比林冠樹木更高的樹種，張開樹冠生長就可以全天候得到散射的光源（**圖3.1左下**）。

　　而阿拉斯加、加拿大、北歐、西伯利亞等極北地區，樹木在一年中將近有半年無法照到陽光。夏天的時候太陽在水平線的附近繞行一周，通過很厚的空氣層，得到微弱的橫向陽光，從正上方天空來的散射光十分微弱。為了得到橫向的陽光，形成像聖誕樹的圓錐樹型，這對得到陽光進行光合作用是有利的（**圖3.1右上**）。極北地區生長的針葉樹，如果樹與樹之間的間隔狹小就會互相擋住橫向的陽光，因此樹木的間隔比熱帶雨林和溫帶落葉樹林還來得遠。

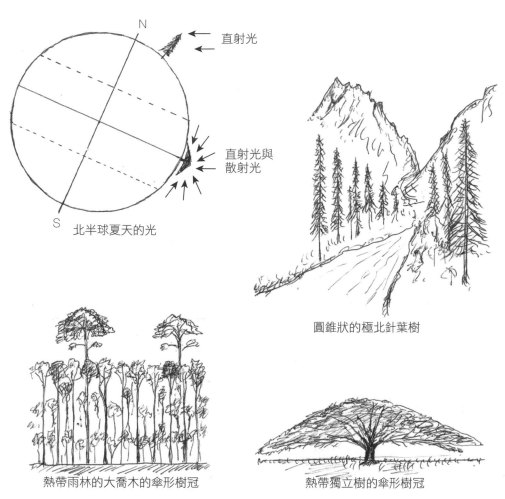

圖3.1　北半球夏天的太陽角度和熱帶、極北的喬木樹型

樹木的小知識2　雲霧林

　　雲霧林常發生於全年水蒸氣氣流在山地形成上升氣流和雲霧的區域。雲霧發生前，上升氣流每上升100公尺，氣溫約下降1℃，這是氣體在膨脹的時候失去能量。氣流下降時，水蒸氣達到露點，水蒸氣變成水滴時放出汽化熱，使周圍的氣溫不下降，上升100公尺變成下降約0.5℃。因此，在同樣緯度乾燥的地區和溼潤的地區，海拔上升，溫度的變化是不同的，乾燥地區的變化比較大，溼潤地區同海拔氣溫比較高。雲霧林存在的地區，由於海拔降溫較小，在高處也有很多的常綠闊葉樹。

2 · 樹冠的形狀與功能

　　樹冠的形狀也就是枝條的分布型態，在力學上有很大的意義。在曠野裡，獨立樹不僅受到上方的光，水平方向也有充分的光源，因為日照條件良好，而形成大型的樹冠。但森林內的樹木只能得到上方的光，水平方向幾乎沒有光，下側的枝條都枯萎，僅在樹頂有著很小的樹冠（**圖3.2**）。但是，大型樹冠的獨立樹容易受到強風的吹襲，而林內樹的樹冠小，受風也較小。樹冠就像是帆船的帆，承受橫向風力。一般可能會認為，受到強風的樹應該是樹冠低矮而小，但實際上常受到強風的山頂或海岸懸崖的樹木並不是這樣，這些樹木向上下與水平方向形成巨大的樹冠，樹高比起森林的樹木一點都不遜色。

　　獨立樹的下位枝充分受到光的照射，所以能夠健全地存在。然而，由於下位枝條被上方枝條所遮蔽而無法向上生長，為了行光合作用，下位枝也必須以水平方向伸長。於是，當下位枝條水平生長的時候，會受到自身

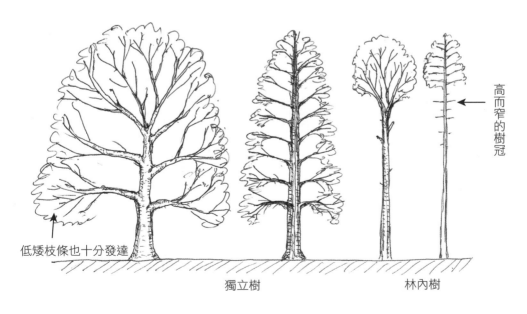

高而窄的樹冠

低矮枝條也十分發達

獨立樹　　　　　　　　林內樹

圖3.2　林內樹的樹冠和獨立樹的樹冠

重量影響而向下垂，就像
平衡玩偶的原理，愈下垂
就愈穩定（圖3.4）。池
畔邊的櫻花樹，其枝條垂
比根頭更低，幾乎到水面
（圖3.3），是因為光會從
水面反射，所以下垂的枝
條也不會枯萎。除了櫻花
外，柳樹也屬於這種下垂
的樹型。下垂的枝條會讓
樹的重心更加穩固。

　　強風中的樹木若要
安定，不僅要有樹幹與枝
條的力學強度，個別枝條
的擺動也十分重要。受風
時，樹冠內斜上方生長的
枝條，和背風枝條的搖動
是有時間差的。這個時間
差使樹木的枝條不會同時
間向同樣的方向擺動，
因而減輕樹木受風的影
響（圖3.4，照片1）。於
是，枝條不同方向的擺動
可以互相削減風力的影
響，所以枝條分布的型態
非常重要，特別是下垂的
枝條可以讓樹木穩定。

枝條下垂到水面

圖3.3　池畔邊櫻花樹的樹冠

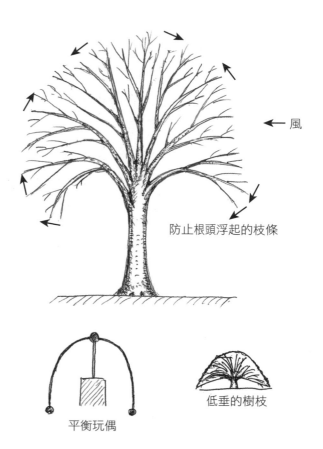

← 風

防止根頭浮起的枝條

平衡玩偶

低垂的樹枝

**圖3.4　在風中個別枝條的搖晃方法（上）
　　　　與平衡玩偶的安定性（下）**

3·樹幹和大枝的型態與功能

　　釣竿的尖端很容易彎曲，但是基部的地方幾乎不會彎曲。基本上，樹幹和枝條的尖端就和釣竿的尖端一樣細瘦而基部根頭處粗大（**圖3.5**）。如果尖端和基部根頭處同樣粗細的樹幹，彎曲的方式就會像**圖3.6**左，根據槓桿原理，力臂愈大彎曲應力就愈大，容易折斷。樹幹和樹枝的基本形式愈接近基部根頭處，愈呈圓錐的粗大型態，這是為了分散彎曲應力（**圖3.6中**）。另外，根頭的地方若彎曲擴大成為板根，這個形狀會減小根頭的彎曲應力（**圖3.6右，圖3.7**）。

　　樹幹和樹枝的尖端受到微風就會搖晃，搖晃的周期愈短，和風吹的周期愈不容易一致，稍微搖晃就會停止。這個現象在樹幹根頭處與尖端的粗細差異愈大的樹上表現愈明顯。

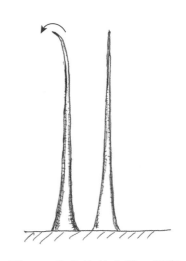

圖3.5　像釣竿的尖端一樣彎曲的樹型

　　樹木樹幹的肥大生長，是由樹枝送來的光合作用產物所供給，支持著樹枝的部分生長特別旺盛。林內的樹木由於下位枝條枯萎，樹冠的位置都在樹頂，能夠肥大生長的部分是在樹頂的上位樹幹，下方的樹幹肥大生長很少。這樣的狀況使樹幹根頭和

彎曲應力因樹形而異

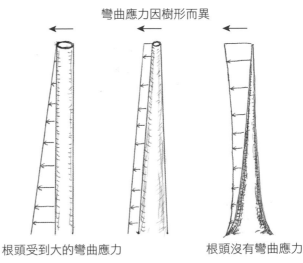

根頭受到大的彎曲應力　　　　　　　　根頭沒有彎曲應力

圖3.6　受風時樹型所形成的槓桿原理

尖端的粗細差異很小。由林業經營來看，粗細差異小、沒有節的樹才是好木材，於是林業希望，樹林必須有一定密度，才能維持這種樹木的生長。獨立樹由於下方的枝條不會枯萎可繼續行光合作用，因此樹幹下方也會旺盛的肥大生長，根頭和樹頂的粗細差異很大。於是受風時，獨立木的樹頂激烈搖晃，但樹幹下方幾乎不動；而林內樹則是樹幹全體搖晃，慢慢的跟風的頻率一致。

此外，林內樹的樹冠重心很高，獨立樹的重心很低。就像節拍器一樣，把擺錘上提就會造成大幅的搖動，擺錘下降則會快速地擺動。這和樹木是相同的，重心高的樹木搖擺很慢但是擺幅很大，獨立樹搖擺很快但是擺幅很小（**圖3.8**）。林內樹木由於受到周圍樹木的遮蔽，在這樣子的狀況下可以站立，但是如果周圍的樹木被砍伐了，就很容易受風倒伏。獨立樹的樹幹全體存在很多的節，樹型成為圓錐型態，下大上小，林業並不喜歡這種樹型，但從樹木的健全性來看，這是健康而長壽的樹型。相反的，林內比較少長壽的樹木。

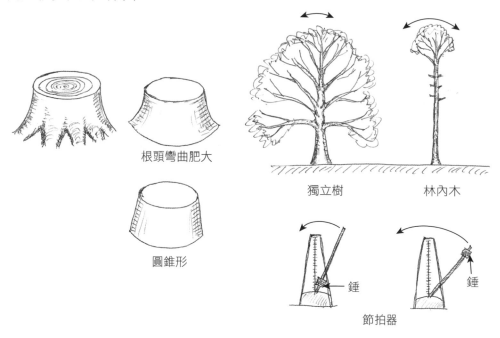

根頭彎曲肥大

圓錐形

獨立樹　　　　林內木

錘

錘

節拍器

圖3.7　根頭的彎曲肥大型態　　　**圖3.8　獨立樹和林內樹的搖擺方式**

4 · 枝與枝叉的構造

　　樹木由樹幹和大枝分歧出無數的枝條，尖端著生樹葉進行光合作用，產生各種的代謝產物。枝條是將這些代謝產物由樹葉送到樹幹、樹根的通道，也是根部吸收養水分後送到葉片的通道。為了行光合作用，樹葉要長在很高的位置才能充分受光。風吹葉片造成風壓，這個壓力送到小枝、枝條、大枝、幹、根，最後被土壤吸收。但若受到強風吹襲，有時會造成枝條斷裂。樹木為了避免這樣的狀況，枝和幹、枝和小枝的連結部分，也就是枝叉，發展成特殊的結構形狀。

　　枝叉的部分，美國已故的Shigo博士以**圖3.9**的模型說明，樹幹的組織和樹枝的組織以複雜的方式構成。春天時，枝條的木材組織先生長，覆蓋在前年的樹幹組織上，接著樹幹的組織垂直地包覆樹枝的組織。於是樹枝和樹幹互相交錯重疊生長，比其他的地方更加旺盛地生長。特別是枝叉的上部，樹幹的組織和樹枝的組織互相交結，形成更加旺盛的成長部分。

　　樹枝形成的導管、假導管、纖維細胞、軸向薄壁細胞的排列方法和樹枝的方向平行，包覆著樹枝組織的樹幹組織，是和樹幹的軸方向平行，於是交疊成垂直重疊的型態，稱為枝領。接著，樹幹的形成層分裂，包覆樹枝，形成幹領，和枝領互相重疊。**圖3.9**上的枝領和幹領看起來像分開的，這是為了容易理解，事實上是緊密結合的。這個枝領和幹領的重疊處，由於雙方的生長，比起其他部分更加激烈地肥大生

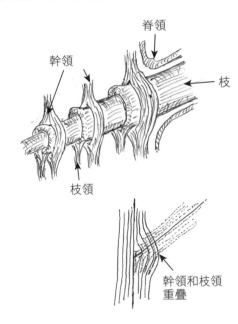

脊領

幹領

枝

枝領

幹領和枝領重疊

圖3.9　樹幹和樹枝分歧部分的組織構造模型

長（**照片15**）。

　　如果主幹比側枝生長旺盛，枝叉的分歧角度，針葉樹和闊葉樹沒有差別，大約是45～60度。而杉木、檜木、冷杉等由於針葉樹的枝條柔軟，枝條尖端下沉，角度開張，從樹幹的中部到下部大部分的枝條幾乎呈水平，也有呈90度以上的枝條（**圖3.10**）。下位枝下垂也和上位枝的遮蔽有關。針葉樹的枝條中，長時間向上方生長的枝條，是要形成新主幹的活力枝條。

　　由於闊葉樹的枝條比針葉樹還硬，可以長期維持斜上方的生長，而受到上方遮蔽的枝條，為了得到陽光就會橫向的生長，形成像獅子的尾巴一樣的型態。這種枝條因為自己的重量逐漸地下垂，分支的角度會超過90度（**圖3.11**）。

　　失去頂芽優勢主幹活力下降的時候，會長出非常多的潛伏芽枝，這些潛伏芽枝之中，長在比較上面的大部分會向上生長，與主幹形成狹小的角度

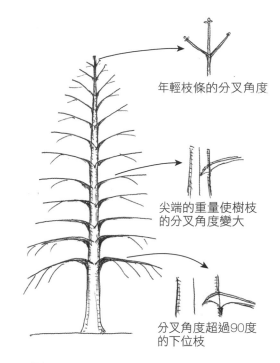

年輕枝條的分叉角度

尖端的重量使樹枝的分叉角度變大

分叉角度超過90度的下位枝

圖3.10　針葉樹枝條跟分叉角度的變化

像獅尾般的水平生長，尖端著生枝葉的形態

圖3.11　闊葉樹的下位枝：獅尾

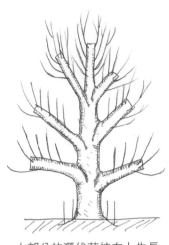

大部分的潛伏芽枝向上生長

圖3.12　潛伏芽枝的分叉角度

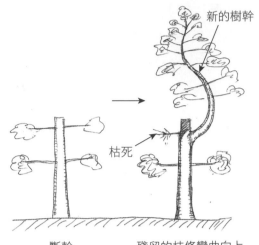

新的樹幹

枯死

斷幹　　　　殘留的枝條彎曲向上

圖3.13　失去頂芽優勢後原有枝條向上彎曲

（**圖3.12**）。此外，原有的枝條也會從離分叉處稍遠的地方逐漸彎曲向上（**圖3.13**）。潛伏芽枝和主幹的夾角很小，雙方生長之後形成夾皮。如果分叉的角度超過25度，分叉的上方會形成互相拉扯的組織，形成結構強的分叉。根據德國Mattheck博士的研究，25度是判斷樹木是否會形成夾皮的標準。由於夾皮枝條上方停止生長，非常容易成為樹枝斷裂的缺陷點。

5·枝叉的夾皮

　　分叉角度小於25度的枝幹、雙幹或多幹的樹木，其枝幹分叉的地方會形成樹皮被夾皮的現象。夾皮的地方形成層受到壓迫而死亡，受壓位置會累積抗菌物質，防止腐朽菌入侵。於是木材會朝橫向生長（**圖3.14**）。但是夾皮的地方形成楔形形狀，

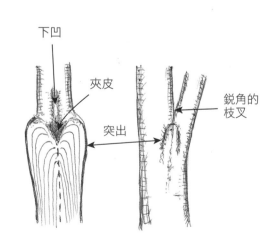

下凹

夾皮

突出

銳角的枝叉

圖3.14　夾皮的分叉向兩側生長

受到強風時，脆弱的連結處會裂開，造成樹幹一半拉扯斷裂（**圖3.15，照片16**）。另外，夾皮在撕裂前如有龜裂現象，容易成為腐朽菌入侵的入口。很難去判斷夾皮對於樹木而言究竟有什麼意義，但是在樹木進化的幾億年來，仍然維持著夾皮的型態。或許是當強風吹襲時，脆弱的夾皮枝條斷裂，減少受風面積，就可以防止樹木倒伏。

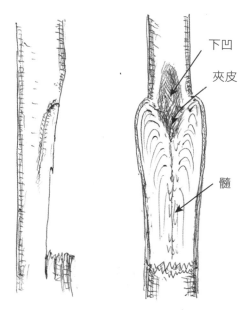

圖3.15　夾皮的枝叉容易使枝條斷裂

6・內側彎曲的橫向皺摺

　　樹枝連結樹幹的下側部位和樹木板根彎曲的部分，常常看到凹凸明顯的橫向皺褶（**圖3.16，照片5**）。這種皺褶在櫸木、朴樹等薄皮樹種常常看到，像麻櫟等厚皮樹種就不明顯。但是樹皮厚的樹種也常看到這種皺褶，原因有二。其一如**圖3.17**所示，A'-B'的距離比A-B的距離短，但是由於形成層的組織大約等量，所以必須形成皺褶的形狀。另外，枝條長大後逐漸因重量下垂，樹幹的根頭受到風壓便形成了蛇腹形狀。這個蛇腹型態的皺褶，對應著樹幹搖

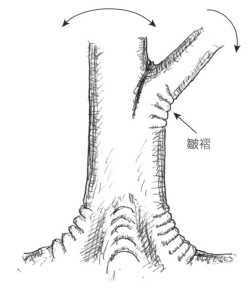

圖3.16　彎曲部分的橫向皺摺

擺產生的應力，以及與年輪
之間互相的拉扯，也像腰帶
一樣捆著樹幹（**圖3.18**）。
但是實際上仍不明瞭其型態
的意義。

7・根張的形狀

　　樹根具有吸收水分和支
持樹體的功能。乾燥地區的
樹木根系廣而深；溼潤地區
淺而窄。土壤固結的地方根
系在地表生長的範圍很遠，
由於不能夠向下生長，全體
都是淺根。Mattheck博士曾
說，在德國，歐洲櫟樹的根
可以破壞離樹40公尺遠的磚
牆（**圖3.19**）。假設這棵樹
也往反方向長那麼遠，那麼
根張的範圍就超過了80公尺
以上，但若考量推壞磚牆的
生長壓力，根部應該是往單
側伸長數公尺以上。

　　樹木根頭的形狀和根
張有很密切的關係。糙葉樹
是板根發達的樹種，板根生
長的方向和風向及傾斜方

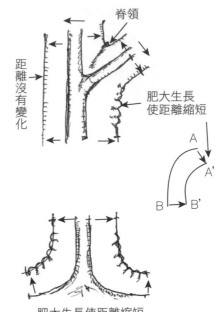

脊領

距離沒有變化

肥大生長使距離縮短

肥大生長使距離縮短

圖3.17　內側彎曲部分的肥大生長

切線方向的拉扯力

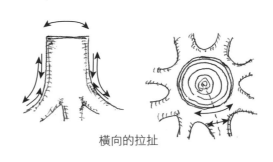

橫向的拉扯

圖3.18　切線方向拉力造成的龜裂

向有很大關係。直立而樹冠生長均勻的樹木，如果根長得像**圖3.20（照片10）**，這棵樹就會時常受到箭頭方向吹襲的風。另外，直立而根頭形狀形成圓錐體時，並不受到特定的風，樹冠也不會偏一側生長。

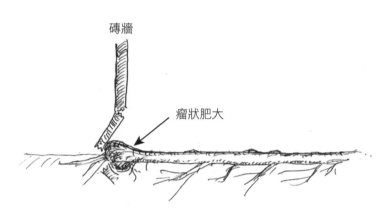

圖3.19　沿著地表生長破壞了磚牆

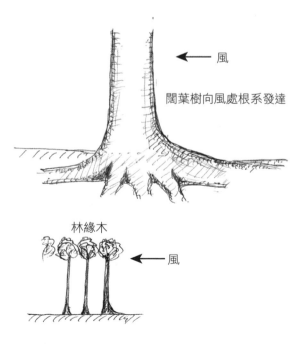

圖3.20　受到單方向的風造成的根頭生長

第4章 木材與年輪

1・年輪

　　樹木都會肥大生長，在熱帶雨林的樹木由於沒有四季的分別，沒有肥大生長的停滯期，因此沒有明顯的年輪。但是同樣在熱帶，乾季、雨季明顯的季風林和熱帶草原氣候就會形成年輪。溫帶和亞寒帶的樹木年輪明顯。同一年生長的年輪也會因為在不同區域而有生長幅度的不同，局部的年輪寬度代表力流，年輪愈寬代表應力愈大。此外，若單看特定高度的某一年年輪，其年輪的面積可以代表營養的狀態。曠野中的獨立樹具有下位枝，全體光合作用量多的樹木，其樹幹下方的年輪面積大。而林內樹的下位枝枯萎，光合作用量少，樹幹下方的年輪面積小。

　　另外，溫暖多雨的氣象條件使光合作用旺盛，增大年輪面積，而寒冷、乾旱等條件不好的氣象條件，年輪面積小。同一年生長的木材也有顏色較深、較硬的部分和顏色較淺、較軟的部分，春天到初夏生長的木材顏色較淺、較柔軟，其導管和假導管的細胞壁較薄、通水性較高，這稱為早材。從夏天生長到秋天的木材，顏色較深、較硬、比較不能通水，但細胞壁較厚、力學強度高，這稱為晚材（**圖4.1**）。早材和晚材的寬度比例表現了當年的氣象條件。早材較寬而晚材較窄的年份，代表春天到夏天的溫暖

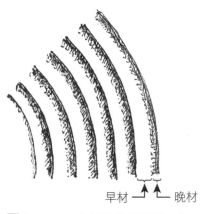

早材 晚材

圖4.1　一年年輪內的早材與晚材

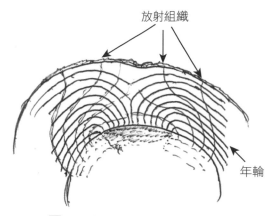

放射組織

年輪

圖4.2　損傷包覆材的年輪形成

生長季較長。早材較窄而晚材較寬的年份，代表春天的溫暖生長季節時間較短。這表示初夏到秋天是冷溫，或是長時間持續乾燥的狀況。

　　從樹幹的斷面數年輪，有時候不同的方向會算出不同的年數。成長途中樹皮受傷造成局部年輪無法形成，也會產生年輪數不同的現象，這樣的年輪成長如**圖4.2**所示，受傷的部分被損傷包覆材修復。另外，和受傷沒有關係卻有年輪數不同的狀況稱為「偽年輪」。偽年輪是在某個成長期受到某些原因，例如昆蟲的食害、短期的高溫、乾燥等，造成年輪成長的停滯，之後又開始生長所形成的（**圖4.3**）。真的年輪和偽年輪難以區別，特徵如下：①偽年輪像晚材一樣，顏色深的線細且薄，②年輪沒有連結成一周，在途中消失了，③偽年輪和外側的真年輪間隔很小等特徵。因此，如果兩

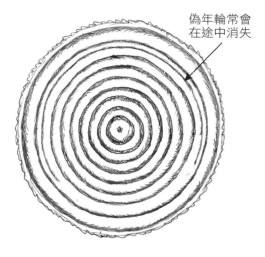

偽年輪常會在途中消失

圖4.3　偽年輪

方向的年輪數不同，可以觀察是不是有偽年輪。總之，年輪並不能夠由單方向來決定其年數。

還有，樹木極端的偏心成長的時候，也會造成局部沒有形成年輪的狀況（**圖4.4**），這一點請注意。

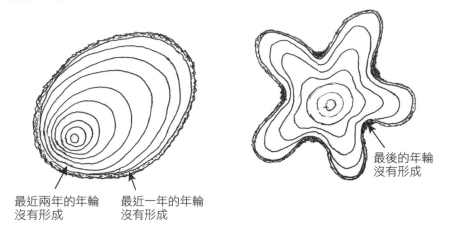

最近兩年的年輪
沒有形成　　　　最近一年的年輪
　　　　　　　　沒有形成

最後的年輪
沒有形成

圖4.4　偏向生長的年輪和下凹交界部分的年輪停止生長

 樹木的小知識3　樹木的成長

　　樹木向上方及橫向年年成長，樹的成長是由頂端的生長點（莖頂分裂組織和根尖分裂組織）還有形成層不間斷的細胞分裂累積而成。也就是說，前一年的組織上包覆著新的組織，老的組織在數年後死亡。在木材內活的組織，也就是邊材的部分，其壽命因樹種而異，大部分在十數年之內，會從內側開始慢慢的心材化，有些樹的邊材（如楓樹）可以活近一百年。由樹幹長出的枝條幾乎都會在數年內枯萎，能夠長期生長的比例非常的少。雖然樹木可以一直向上生長，但會受到風雪折斷，雷擊死亡，病蟲害的衰退枯死等狀況無法持續長高。整體而言，樹高是受到樹種、立地環境、土壤條件、氣象條件決定。理論上，樹木是可以無限生長的。目前知道最長壽的樹是瑞典的挪威雲杉，已經活了9550年。但這代表的是細胞分裂持續進行了9550年，而非樹體的細胞活了9550年。人類的神經細胞可以活100年以上，所以從細胞壽命來看，大部分的樹木可能比人還要短。

2．年輪內的導管排列

（1）環孔材的導管排列

　　櫸木、枹櫟、刺槐、日本梣等的樹幹斷面的年輪，透過顯微鏡，可以看到一年份的年輪內的早材部分環狀排列著1〜3列大的導管（**圖4.5**）。這種木材稱為環孔材。環孔材的大導管直徑約為0.1mm左右，所以最新年輪的導管在冬天的休眠期會因為氣泡的進入而失去通導機能。於是環孔材樹種在春天萌芽前就開始進行年輪生長，這是為了確保當年的通導機能而長出大的導管。因此，環孔材樹種基本上只有一年份的年輪有水分通導的功能。一般而言，木材的材質以細密、緻密的材質較好，但是環孔材樹種成長旺盛的樹，通常材質較佳。如**圖4.6**的環孔材樹種，早材部分的大導管排列密度低，所以其寬度和生長的好壞無關，而成長良好的樹會形成緻密的晚材，年輪幅度較寬。環孔材樹種因為導管的排列而有清楚的年輪界線。

（2）散孔材的導管排列

　　櫻花、日本七葉樹、日本山毛櫸、

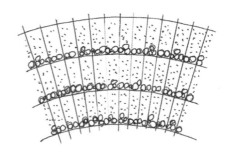

圖4.5　環孔材年輪的導管排列

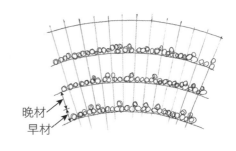

晚材
早材

圖4.6　成長快速與成長緩慢的環孔材，其晚材率的差別

晚材
早材

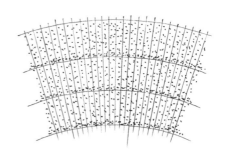

導管分散排列

圖4.7　散孔材年輪的導管排列

樺樹等許多闊葉樹，導管在年輪內是散布的散孔材（**圖4.7**）。散孔材的導管直徑較小，在冬季的休眠期，氣泡不會進入前年的導管，數年份的年輪都可以通導水分，但數年後導管材會因為樹脂滲出而閉塞。散孔材的年輪跟年輪的界線不明顯，有些樹種很難計算年輪。

（3）放射孔材的導管排列

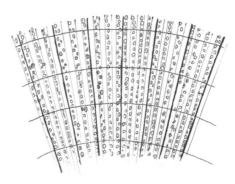

小葉青岡、日本常綠橡樹、青剛櫟等殼斗科櫟屬植物以及日本石柯的木材斷面，導管呈放射方向排列（**圖4.8**），這稱為放射孔材。殼斗科的烏岡櫟是放射孔材，落葉性的鵝耳櫪與筆柿也是放射孔材。放線孔材數年份的年輪都會通導水分，充填體較為發達的樹種在第二年時，其較大的導管就會發生充填現象失去通導機能，由小的導管維持通導機能。

圖4.8 放射孔材年輪的導管排列

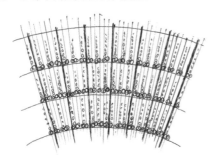

圖4.9 放射環孔材年輪的導管排列

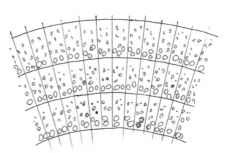

圖4.10 半環孔材年輪的導管排列

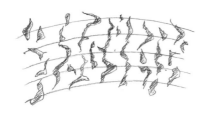

圖4.11 紋樣孔材年輪的導管排列

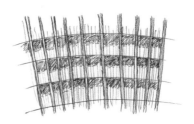

圖4.12 無導管材的年輪

（4）其他的木材的導管排列

　　放射孔材與環孔材的中間還有放射環孔材（水楢等，**圖4.9**）、半環孔材（鬼胡桃等，**圖4.10**）、紋樣孔材（海桐，異葉木犀，鼠李等，**圖4.11**）、無導管材（昆蘭樹等，**圖4.12**）等。無導管材是由假導管構成的，和針葉樹的木材難以區別。

（5）充填現象與威士忌的桶子

　　闊葉樹的導管停止通導水分時空氣會進入，和導管相接的薄壁細胞的細胞物質會像充氣球一樣的進入導管（**圖4.13**），這稱為充填現象，是由薄壁細胞的膨壓所造成的。充填體會防止木材腐朽菌往軸方向擴大。許多樹種都能觀察到充填體，環孔材樹種特別發達。

　　威士忌的酒桶使用的是歐洲產的夏櫟（橡木）或北美產的白橡木的木材，北海道產的水楢也曾經被大量使用做為威士忌的桶材。櫟類是環孔材樹種，導管管徑較大，但由於充填體發達使導管不會通水，可以做為酒桶。然而並非所有的櫟屬植物都可以做成酒桶。有些樹種木材中含有的成分不適合做酒桶，充填體不發達的樹種也不適合。北美原生的紅橡木幾乎沒有充填現象所以會漏水，不適合做為酒桶。櫸木常做為湯碗的材料，因為櫸木比櫟屬植物有更明顯的環孔材，而且充填現象發達。然而，充填體發達的木材，導管內的水分會被封閉，乾燥需要花上很多時間，不充分乾燥就進行加工會造成很大的問題。

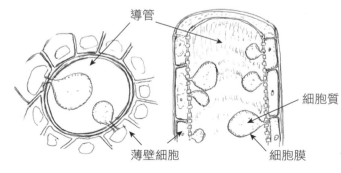

圖4.13　充填現象

第5章 樹木的生態

1‧樹木的天然生育地和生育適合地

　　黑松原來的天然分布地是在海岸邊有浪拍打的斷崖上（**圖5.1**）。但是現在以沿岸區域為中心，日本全國各地皆大規模地栽培，做為海岸沙丘的防風林、公園樹木、神社寺廟的樹木、河畔堤坊上與道路的行道樹等，是重要的樹種。觀察黑松的成長狀況發現，寺廟林內的黑松高達40公尺以上，比在原來天然分布的斷崖長得更高、更好。這就是黑松原來的天然生

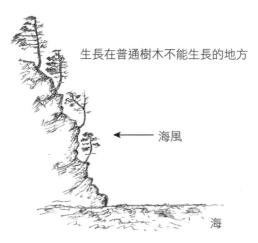

生長在普通樹木不能生長的地方

← 海風

海

圖5.1　在斷崖原生的天然黑松

原生在普通樹木不能生長的地方

圖5.2　在溼地生長的日本櫸木

育地與生育適合地的差別。

　　日本櫸木是生長於水岸的溼生樹木（圖5.2），若栽種於殼斗科櫟屬植物適合的乾燥土壤時，會長得更好。白樺的天然原生地是在雪崩與落石頻繁的山岳地區，一般而言是植生並不發達，土壤也不安定的地方。但是，若將白樺栽種在土壤安定且肥沃的地方，生長會更加良好。白樺的種子必須照射到紅光才能發芽，但森林內的紅光幾乎都被林冠的葉子吸收，造成沒有林冠間隙的光斑照到的林床就不能發芽。在明亮的林床也很難發芽，獲得光斑而發芽的個體如果受到立枯病菌的感染或光線不足也會死亡。然而，如果把白樺的大苗種在光亮的林內，也可以長成健康的大樹。

　　因此，生態的原生地和生育適合地未必一致。因為很多的樹種，特別是具有陽樹特性的樹種，在裸地比其他樹種更快發芽生長，但在森林內的陰暗環境，種子無法發芽成長，沒有長出後繼的樹木。因此，陽性樹種若與耐陰性樹種競爭，最後都會死亡，但如果是在沒有競爭對手的地方，或是競爭對手無法進入的嚴厲環境，反而會成為生長的適應地。

2‧樹木的耐寒性

　　樹木能夠忍耐什麼程度的冬季寒冷呢？如果細胞的細胞膜內側凍結就會死亡。耐寒性的植物細胞壁結凍，細胞也不會死。寒冷地區的樹木為了越冬，不可讓薄壁細胞凍結，因此在0℃以下為了不讓細胞凍結，而提高液胞的糖濃度，下降其凝固點。若要下降凝固點，細胞內的水必須要是高濃度的溶液而非純水，樹木能夠利用最有效的方法就是溶解糖。秋天是樹木薄壁細胞中澱粉濃度最高的時候，但澱粉不溶於水，無法改變凝固溫度。於是，樹木在嚴冬中將澱粉轉變成可溶性糖（葡萄糖、果糖、蔗糖）。接著減少細胞液中的水分，提高濃度。極為寒冷的時候，細胞間隙及細胞壁的水凍結，而細胞內和細胞壁的水蒸氣壓力會產生很大的差距，水不會凍結，也就是說水從水蒸氣壓力高的細胞向水蒸氣壓力低的細胞壁移動。於是細胞內的水變得更少，濃度變得更高，更不容易結凍。細胞壁和細胞間隙的水完全凍結時，就像躲在冰屋裡，不會受到外面溫度的影響，因而提高耐凍性。

　　樹木細胞凍死時，枯損受害的現象有以下三個階段：
‧秋天，樹木還沒提高耐凍性前受到寒害，細胞凍結死亡。稱為早霜害。
‧冬天，耐凍性最高的時期，但因寒冷的程度超過樹木的耐凍性而使細胞凍死，稱為凍害。
‧春天，樹木開始生長，越冬時所提高的濃度慢慢下降，細胞活性增高。這時候遇到寒害，由於細胞失去了耐凍性，很容易就會凍死。這稱為晚霜害。

　　這三種不同的寒害會隨著樹木的活力、大小、環境的不同而有所改變。日本關東地方的北部丘陵，在南向斜面的山坡上有柑橘的栽培地。之所以種植在較高的地方而非海拔較低的地方，是因為晴天的夜晚在海拔低

的地區會有放射冷卻現象，造成低溫霜害（**圖5.3**）。相對的，中海拔地區不會結霜，最低氣溫比低地還高。在茶葉的產區常會看到高大的送風機，這是為了吹散放射冷卻所造成的窪地結霜現象，將上方的空氣和下方的空氣混合。在冬天晴朗的平地，早晨的太陽照射東邊的樹木，薄皮的樹種在根頭處會變黑壞死（**圖5.4**），而林內的部分沒有受害。這是因為連續的朝日使根頭升溫，因此局部性喪失耐凍性而受到霜害。

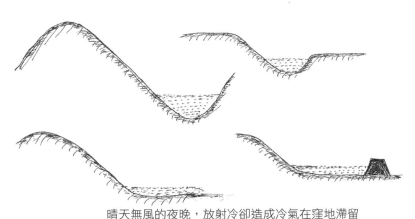

晴天無風的夜晚，放射冷卻造成冷氣在窪地滯留

圖5.3　容易積霜的地形

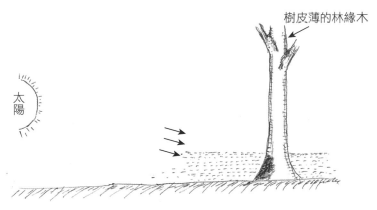

樹皮薄的林緣木

太陽

圖5.4　被朝日照射使根頭的樹皮壞死

3‧針葉樹的耐凍性

　　雲杉與冷杉等常綠針葉樹比大部分的闊葉樹具有耐凍性，其中一個理由是，針葉樹的假導管比闊葉樹的導管細，導管中的水分即使凍結，氣泡也很難進入，解凍後便能繼續保持水分的通導。此外，常綠針葉樹的耐凍性受到糖分調節的影響，能降低薄壁細胞的水分凝固點，葉與枝具有的樹脂細胞也有很大的功能。特別是雲杉和冷杉的葉片，含有大量分泌樹脂的樹脂細胞，防止細胞結凍。

　　此外，針葉樹葉子很細，表皮細胞的細胞壁被角質層包覆，變厚且體積比率變大，葉子內部細胞壁的薄壁細胞比率較小，由於葉子的含水率本來就較少，使葉子具有耐凍性。因此，超過常綠針葉樹耐凍性的寒冷、乾燥地區，就成為落葉松等落葉針葉樹的優勢樹林。零下60℃以下的西伯利亞永久凍土地帶，沒有常綠針葉樹林，而是落葉性的落葉松林。

4‧鹿的食害與糖漿的採取

（1）冬季鹿的食害

　　鹿吃樹皮的食害現象大多發生在冬季，因為冬天草枯萎了，草食動物缺乏食物來源。另外，冬季是樹皮最甜的時期也是原因之一。樹木在冬季為了提高耐凍性，薄壁細胞的糖濃度顯著地提高，而且冬季的病蟲害較少，樹木產生的抗病性物質也較少。因此，鹿就會吃具有甜味的樹皮（**圖5.5**），日本獼猴也會在冬季吃樹皮。筆者曾在不同的時期嘗試闊葉樹樹枝的味道，冬季的樹枝的確比較不苦。

（2）為什麼採取楓糖漿？

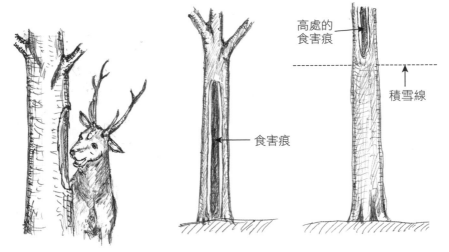

圖5.5　吃樹皮的鹿

　　加拿大國旗上是糖楓的葉片，糖楓如其樹名般，可以採取糖漿。此外紅花槭和其他樹種的楓樹也可以採取。日本的北海道、東北地方、長野縣、山梨縣等寒冷地帶，也會採取色木槭與白樺的糖漿。另外，雖然不太為人所知，胡桃和山葡萄也可以採取。這些樹葉和橡膠樹、漆樹所採取的樹液是完全不同的東西。印度橡膠樹、橡膠樹、漆樹等樹液是樹皮受傷時，由韌皮部和皮層間的乳管細胞溢出的乳汁。而糖楓等樹的樹液是木質部中導管的導管液。甜的導管液只有在早春的時候採得到。

　　寒冷地區的樹木會在春天使用樹皮裡面蓄積的糖來發芽，快速的成長枝葉進行光合作用。在能夠充分進行光合作用之前，必須使用蓄積的糖來成長。新葉產生的光合作用產物提供了下階段的生長，晚春到初夏樹體內蓄積的糖及澱粉量非常的低。到了盛暑的時候，樹木向上成長停止，光合作用旺盛，此時的能量用來進行肥大生長。根系在冬天也沒有完全休眠，根系的成長是從夏天到秋天最為旺盛。夏天的時候，樹體內蓄積的糖與澱粉量漸漸提高。秋天時雖然地上部的成長看起來停止了，但根依然旺盛的成長。在秋天，樹幹和根的薄壁細胞所蓄積的澱粉含量最高。冬天時，薄壁細胞蓄積的澱粉變成可溶性糖，降低細胞液的水分含量，提高糖濃度，

防止細胞凍結。

初春，樹木開始活動，提高細胞內的水分含量，細胞內的糖濃度下降。此時樹木的根系在冬芽尚未展開時就開始吸水，這時候水分吸收的力量不是葉片的蒸散力，而是來自根部的根壓。根壓來自於滲透壓。細根細胞的細胞膜內高糖度及低水分造成高滲透壓。

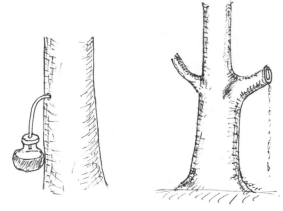

圖5.6 楓糖漿的採取（左）與切斷低枝流出的燈台樹的導管液（右）

水分上升時，根及樹幹的薄壁細胞內的糖溶解，進入導管水內。這時候，若在樹幹的低位開孔，就可以得到甜的樹液（圖5.6）。春天，細胞內的糖再度變成澱粉，樹液產生的蒸散力會吸引導管的水分向上。只有初春的特定時期導管液是甜的。能夠採取導管液是因為根壓的向上壓力所造成的，因此只有初春才能夠採取。在早春切斷燈台樹的低枝會有水漏出，也是相同的道理。

樹木的小知識4 樹液的種類

稱作樹液的物質其實有幾種種類。所有的樹種都有樹液，葉子產生的光合作用產物溶於水，從韌皮部下降的液體就是樹液。韌皮部下降的樹液含有大量的可溶性糖，基本上是甜的。如果含有大量的多酚抗菌性物質，就會帶有澀味。從木質部上升的導管液及假導管液基本上沒有味道，但像糖漿則是早春時，導管液含有可溶性糖。漆與天然橡膠的乳液，是樹皮乳管細胞內儲存的抗菌性物質，漆的液體有些也有甘味。漆的主要成分是漆酚及面漆酚，天然橡膠的乳膠是高分子萜烯的懸濁液。松科的樹木採取的樹脂也是防禦物質，由存在於木質部和韌皮部的樹脂細胞分泌而成，主要成分有萜類、高級醇類、高級脂肪酸。乾燥，與氧氣接觸所產生變質等多種原因都會使樹脂結硬。

5・照葉樹和照葉樹林

（1）照葉樹與硬葉樹

　　由喜馬拉雅山東部開始，到中國雲南省、東南亞北部的山岳地帶、中國沿岸南部、台灣的山岳地帶、日本西半部連續的溫暖地帶，都存在照葉樹林地帶。照葉樹是常綠闊葉樹的總稱，其葉片表面光滑，角質層發達，呈現光亮的狀態**（圖5.7上）**，受到日光照射就會反射陽光，因而得名。代表性的樹種有茶花、櫟樹、錐櫟。照葉樹生長在相對溫暖降雨多的地方，也分布於冬季下雪低溫的地帶，北美東部、澳洲南部、南美南部也存在。葉片表面發達的光滑角質層，能防止雨水侵入葉內，也防止葉的鉀流失。也就是說，不容易潮溼，即使下雪、結冰也不會使葉內細胞凍傷。

　　硬葉樹是分布在地中海與美洲西岸的常綠闊葉樹，特別會生長在夏季非常乾燥的半乾燥地帶。葉表面的角質很厚，不平滑而且呈凹凸狀**（圖5.7下）**，太陽照射時呈亂反射現象。硬葉樹的葉子能夠抵抗高氣溫時期的乾燥狀況，下雨時表面能夠保持部分的水分。硬葉樹的代表樹種有橄欖樹與

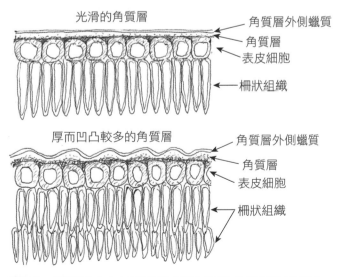

圖5.7　照葉樹（上）硬葉樹（下）葉片角質層的模式圖

月桂，日本引進橄欖和月桂由於順應了日本的氣候，角質層變薄且光滑。

（2）寒冷地照葉樹的成立

　　日本天然分布的照葉樹林樹種差異性很大，例如海岸生的紅楠，在太平洋岸以岩手縣的船越半島為分布界限，在日本海側則以青森縣深浦町為分布界限。茶樹以青森縣的夏泊半島為分布界限。那麼寒冷地帶的照葉樹林是如何成立的呢？一般而言，能夠長得高大且具有耐寒性與耐乾性的樹種，在苗木的階段也是脆弱的，所以寒冷地帶的照葉樹苗木如果暴露在裸地的寒風中就不能生存。但大多的照葉樹耐陰性很高，照葉樹林就像落葉闊葉樹林及松樹林內，風比較弱，因此也有可以在比較寒冷的地方生存的樹種。在最北限地區原生的照葉樹，是從櫟樹林、赤松林與鵝耳櫪林中發芽形成的（**圖5.8**）。於是若要在寒冷地人工栽植照葉樹林，不能夠栽植在空曠地區，要先栽種落葉闊葉樹林等，之後再於樹林內栽種照葉樹。因此，人工栽培的照葉樹林分布比天然的照葉樹林還廣，也可以在寒冷地帶生長。

　　不僅是照葉樹林，在乾燥的寒冷地區種植杉木，如果栽種在裸地也會造成尖端枯萎，不能成林。千葉縣的山武林業先栽培黑松林，再於林內栽植杉木。明治神宮的境內林在建設的時候便採用了這個方法。不過為了縮短時間，從一開始就栽種大的黑松樹成林，再於林下種植常綠闊葉樹。

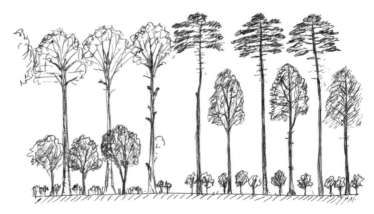

圖5.8　在林內生育的常綠闊葉幼苗

6‧黑松、赤松為什麼沒有潛伏芽枝？

　　大部分的樹木，切斷樹幹與主枝的尖端會使頂芽優勢崩潰，剩下的枝幹就會長出潛伏芽枝，快速的成長以恢復光合作用。然而，黑松和赤松枝條被切斷的尖端也不會長出潛伏芽枝。因為黑松和赤松的當年枝條，其尖端部分會形成隔年的越冬芽，因此當年枝條不會在中間段長出芽（圖5.9）。之後尖端的越冬芽在第二年全部發芽，成為當年的枝條。若不能發芽，芽就會死亡。因此黑松和赤松的枝幹沒有形成長期休眠的潛伏芽。另外，有很多樹木傷口的癒傷組織會形成不定芽，長成不定芽枝，但黑松和赤松的枝幹傷口的損傷包覆材很容易乾燥，並不完全發達，幾乎無法完整地包覆傷口，也不能形成不定芽枝。

　　將松樹的新枝從中間切斷，切口的部分形成越冬芽。綠色摘心法便是利用這個特性，使新的枝條受到抑制變短。綠色摘心進行的時間在八月中旬以前，在這之後沒辦法形成越冬芽。若將整個新梢切除，前年的枝葉基部的短枝會長出小芽（**圖5.10**）。三年以上或者更老的枝條則沒辦法形成芽。從松樹枝條沒有葉片著生的地方切除，枝條就會枯萎，但是第二年生的枝條會長出小芽。

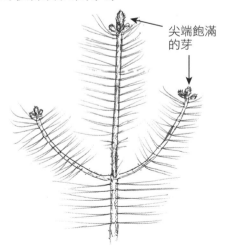

尖端飽滿的芽

圖5.9　松樹的新梢

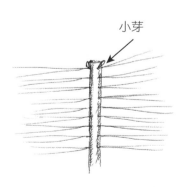

小芽

圖5.10　第二年的短枝形成的小芽

7 · 韌皮部流出的樹液

（1）獨角仙為什麼聚集在麻櫟樹上？

夏天是樹木大量進行光合作用的時期，葉子製造光合作用等代謝產物通過維管束送到樹木全體。傷害韌皮部而流出的樹液，基本上所有的樹種都是甜的，但是樹木為了防止病原體及穿孔性昆蟲的入侵，樹液裡有非常多的抗菌性物質。例如以丹寧類為代表的多酚類物質，丹寧有很強的苦澀味。這類的抗病物質一般在薄皮的樹種內非常多。

九芎的木栓層不發達，樹皮很薄會行光合作用，為了彌補樹皮薄、防禦力弱的問題，受傷後會產生大量的抗菌性物質，也就是化學性的防禦力。另一方面，麻櫟的樹皮木栓層比較厚。麻櫟的樹皮以前被當作木栓的原料。木栓細胞在細胞壁有木栓質，由於蠟物質的存在，生物難以分解。木栓層很厚，病原體和穿孔性昆蟲就很難攻擊。九芎的樹幹在肥大生長時，沒有形成很硬的木栓層，木栓化的部分脫落後，內側又是新鮮的樹皮。而麻櫟由木栓形成層形成環繞樹幹的木栓層，木栓層密著而不易脫落，就成為多層的木栓層樹皮。此外，麻櫟的外樹皮中有大量的單寧，因此麻櫟的樹液中抗菌物質含量少，樹液是甜的，很多的昆蟲會聚集在樹皮的傷口喝滲出的樹液（**圖**5.11）。前香川大學的市川俊英博士發現，麻櫟與枹櫟的樹液從樹皮持續的流出，是因為木蠹蛾的幼蟲在樹皮內咬傷，造成樹木的防禦反應而流出樹液，而木蠹蛾就會補食前來吸取樹液的小昆蟲。

同樣是殼斗科櫟屬的樹木，不像麻櫟樹皮這麼厚，樹液內有很多的單寧，獨角仙和鍬形蟲等

圖5.11　在麻櫟樹皮匯集的昆蟲

大型的昆蟲並不太靠近。櫟屬樫樹類的樹幹滲出的樹液會冒泡，有很多果蠅等小昆蟲聚集在此，這是樹液在酵母菌作用下發酵所造成。栓皮櫟的樹皮比麻櫟更厚，木栓層更厚，樹液很難流出，所以昆蟲並不靠近。但是也有一種說法是，木蠹蛾沒辦法在樹皮穿孔。黑松有很厚的樹皮，受傷時樹皮的韌皮部形成傷害樹脂道流出樹脂，傷害到內部的木材就會使正常樹脂道流出大量樹脂，所以不太有蟲。

晚秋的時候，在櫸木的樹幹打釘所流出韌皮部的樹液，舔起來的味道是甜的，這應該是澱粉轉變成可溶性糖準備越冬的原因。

（2）樹木冒泡

有些樹木會像冒泡般流出樹液（**圖5.12**），特別會在夏天看到。這是樹皮受傷的內部樹液因酵母而發酵的原因。樹木受傷的部分會因為防禦反應產生大量的酚類物質，不小心摸到就會皮膚發癢。筆者曾經不小心摸了三菱果樹參樹幹滲出的樹液泡泡，結果嚴重的皮膚發炎。這大概是因為其中含有大量酚類的防禦物質。另外，漆的主要成分漆酚也是一種酚類物質，同樣也是植物的防禦物質。

有時候切斷罹患幹枯病的樹木，就散會發山酒香味，因為幹枯病病原體外的雜菌在樹體內發酵。

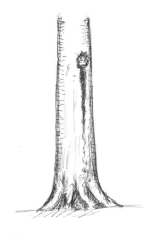

圖5.12　樹幹漏出的泡

8 · 槲樹與麻櫟為什麼不落葉？

在寒冷的冬季，走進雜木林會觀察到麻櫟的葉子呈灰褐色枯葉狀態，且仍著生在枝條上。有很多的落葉闊葉樹在秋天變成紅黃葉而落葉，那麻櫟為什麼不落葉呢？生理上，枝條和葉柄之間的維管束閉塞後，水分無法輸送葉子就會枯黃，但是枯葉的脫落必須要形成離層的組織。槲樹和麻櫟的狀況，以離層不完全的狀態越冬，並在春天萌芽前離層完成後才落葉。櫟屬分為櫟亞屬與青剛櫟亞屬，櫟亞屬大部分不會落葉，有一部分如同烏岡櫟與西班牙栓皮櫟是常綠性的，青剛櫟亞屬都是常綠性的。

這種落葉現象可能具有積極的生態學意義，這是在保護冬芽和小枝，避免寒乾風害。耐海風且耐寒的槲樹被大量栽植於北海道的海岸，做為防風砂林，但槲樹在海岸附近也能夠自生，表示這種落葉型態能夠防止海風侵害，保護越冬芽和枝條。若是在秋天落葉，葉柄痕的維管束孔會在完全閉塞前受到海風的鹽分侵害而枯萎，所以春天才落葉可以避免傷口受到海風的侵襲。但是槲樹並不是完全不落葉，在某些情況下也會在秋天落葉（**圖5.13**）。例如，樹林內風小的地方，槲樹大部分都在秋天落葉，只有頂端容易乾燥的葉子在冬天也不掉落。枯葉卻不落葉的現象也常在以下樹種見到：白葉釣樟、日本金縷梅、蠟梅、雞爪槭。

圖5.13 不落葉的槲樹枯葉

9 · 根浮起的樹木與倒木更新

在森林中散步，有時會看到**圖5.14**形狀的樹木。這是種子掉在倒木或被切斷的樹木上發芽，根從斷木或倒木的表面生長到地面而長大的樹木。林冠發達而鬱閉的冷杉林、蝦夷松林或山毛櫸林，如有曾是林冠一部分的單棵樹木死亡，陽光就會從林冠的開孔照進林內。在黑暗的樹林內，原本因為陽光不足不能發芽的種子，在照到陽光後開始發芽，但大部分的小苗卻在胚軸長出子葉或本葉展開的時候枯死，這是苗立枯病的原因。然而，在斷木或倒木上的種子卻能夠發芽生長，因為斷木和倒木上苗立枯病的病菌較少。此外，箭竹的葉子無法遮蔽倒木上種子的陽光也是原因。

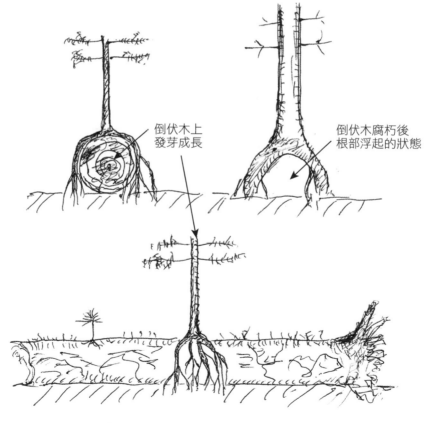

倒伏木上
發芽成長

倒伏木腐朽後
根部浮起的狀態

圖5.14 在倒木上生長根部浮起的樹木

根部浮起的樹木是因為在斜面上的根頭部分土壤流失。近年來林業經營困難，很多的造林地呈現過密的狀態。因此，光照不進林床，呈現極暗的狀態，林床植物無法生長而裸地化。因此強雨落下時，樹幹流和林冠雨流至地表造成砂土流失，使根頭露出（**圖5.15**）。在極傾斜的山林常看到這種根部浮起的樹木，難以抵抗強風和豪雨。

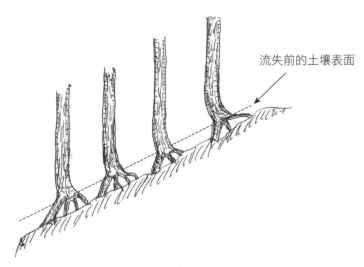

流失前的土壤表面

圖5.15 過密林分中，因土砂流失而露出根頭的浮根現象

　樹木的小知識5 樹高和樹幹的直徑比

　　獨立生長的樹木，由於下位枝也存在，根頭附近的肥大生長旺盛，而長在林內的樹木樹冠位在高處且冠幅很小，因此下方的樹幹肥大生長受抑制。以樹高H和胸高直徑D（從根頭向上高1.2或1.3公尺部分的直徑）的比，H/D的值來看，在樹木和根系沒有缺陷的狀態下，怎樣的強度容易受強風折斷呢？Mattheck博士進行了研究。H/D值在50（直徑50公分時，樹高25公尺以上）以上就容易折斷，35以下（胸高直徑50公分時樹高17.5公尺以下）不容易折斷。如果H/D值很小但是樹卻斷掉或傾倒，便是因為有空洞、腐朽、龜裂等結構上的缺陷。H/D值在50以上的樹木個體，是高大喬木激烈地進行光合作用競爭的結果，只有在森林裡面看得到。如果這棵樹木周遭的樹被砍伐，就會容易倒伏。枝的長為L，枝的直徑為D，L/D值在40以上就很容易折斷。

10・柳樹為什麼長在沼澤地區？

蘆葦和水稻等在溼地生長的植物，稈是中空的。如圖5.16所示，根的皮層細胞以一定間隔死亡，產生細胞間隙，成為皮層通氣組織。從地上部吸收的氧氣便是由皮層通氣組

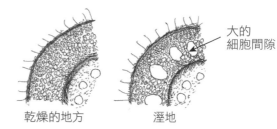

圖5.16 溼地生長的禾本科草本植物，根的皮層通氣組織

織送到根部。在溼地生長的柳樹、日本檔木、水曲柳等樹木，根的樹皮同樣具有皮層組織。此外，除了在溼地生長的樹種之外，在乾燥地區和潮溼地區生長的根，其皮層組織也不同，潮溼地區的樹木皮層組織裡細胞間隙發達。同樣地，同一棵樹的水平根和垂直根的皮層構造也不同。長到深處的根，其皮層細胞一部分死亡產生細胞間隙，形成的組織會將從地上部的皮孔吸收到的空氣運送到根的尖端，但水平根則沒有形成這樣的組織。柳樹類的皮層通氣組織特別發達。皮層通氣組織的形成和乙烯這種植物荷爾蒙有很人的關聯，因為死亡的細胞是規則性發生的，這是一種計劃性的細胞死亡，也就是一種調節管理的細胞自殺型態。

落羽松在乾燥的地方和一般的樹木形成同樣的根系，在溼地就會長出稱為膝根的氣根（圖5.17）。這個氣根的木質部細胞間隙非常發達，樹皮很薄，由此吸收空氣送到根系。膝根在原產的南美洲溼地地區可以高達兩公尺以上。

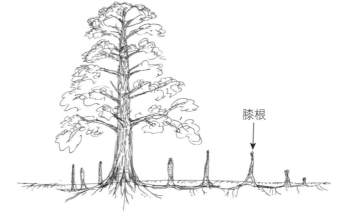

圖5.17 落羽松的膝根

11 · 榕樹的氣根與生長

雀榕與榕樹這類的樹木在日本琉球、東南亞、印度，遠至非洲都有分布，它獨特的氣根型態與其他樹木不同，營造出獨有的氛圍（**圖5.18**）。一般來說，樹木如果沒有受傷或腐朽就不會長出不定根，但榕樹即使沒有受傷也會長氣根。鳥和蝙蝠會吃榕樹的種子，將糞便黏著在其他的樹木上，糞裡的種子發芽成長，長成的根就會覆蓋在其他樹木身上，根系最後形成網狀，絞殺了樹木（**圖5.19**）。被絞殺的樹木腐朽後，榕樹的根系會肥大生長，癒合成筒狀的樹幹型態。之後逐漸長出的氣根與其他根系癒合，形成類似樹幹的型態，這是形成層的肥大生長與氣根癒合快速成長而成。

榕樹的種子掉在地上發芽，跟其他樹木一樣自立生長，但因為樹幹的材質不是很硬，很難以單幹的型態長得很高。從樹枝或樹幹上長出氣根

圖5.18　榕樹的樹型

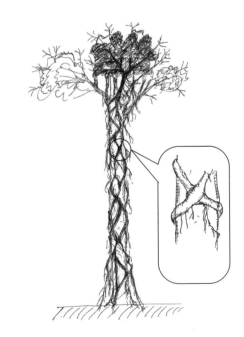

圖5.19　榕樹絞殺著生的樹木

垂到地面，形成支柱根支撐樹體。支柱根具有耐壓縮和耐拉扯的特性，也有可以承受兩種力的根。耐壓縮的根會快速生長肥大，而耐拉扯的根並不快速生長，但是到達地面後會快速地向四周圍伸長。

　　從枝條長出的氣根到達地面形成支柱根，使枝條較不易受到風而搖晃。除了原來的根系，新的支柱根也會供給養水分，於是原來的枝條就伸得更長，而氣根長成的支柱根就會形成新的樹幹型態。如此重複的向外延伸生長氣根，一棵榕樹就可以形成一個巨大的森林（**圖5.20**）。

圖5.20　榕樹的氣根形成支柱根，長成一個樹林

 樹木的小知識6　枝梢

　　高等植物的身體是由根莖葉構成，莖是一根或數根的主軸長成分歧的枝條。在植物組織學上，將一枝條及分枝和葉子稱為一個枝梢（shoot），這是一個生長的單位。枝梢上的芽會長成未來的枝，芽鱗會形成矮小的葉子。枝梢的生長是由幼芽開始組織分裂，主軸再展開的同時形成頂芽、側芽。這些新長的芽再長出新的枝梢。

12・櫸木葉子的矮小化與開花結果

　　由於櫸木的材質良好、樹型優美，常做為農家庭院裡防風與木材栽培用的樹木。近年來，因為櫸木的樹冠型態美麗，許多公園與行道樹也開始使用。櫸木原本生長在溪谷及沼澤地的旁邊，是水分相對較多的地方。然而，公園及人行道的土壤因踩踏而硬實或是周遭鋪設鋪面，使得雨水無法滲透。此外，地下鐵、下水道等地下設施截斷了地下水源，造成慢性水分不足的現象隨處可見。像這種狀態的櫸木，在初夏形成第二年的越冬芽時，形成的芽非常小。於是這個芽到第二年所形成的枝條也非常的細而短，葉子異常小，會開很多花並結果。結果的細枝沒有形成越冬芽，晚夏到初秋時果實長大，葉子沒有變成紅葉，而變成灰褐色的枯葉。如果去年的枝條順利的生長，越冬芽會變成潛伏芽，在第二年春天會形成強壯的枝梢。小型葉的葉柄和小枝之間沒有形成離層，到了冬天就會枯萎，有些會在寒冬時形成離層落下（**圖5.21**）。此時，乾燥的小葉被風一吹就像是螺旋槳般，帶著種子和小枝飛到遠處。在水分條件良好的地方，櫸木的枝條

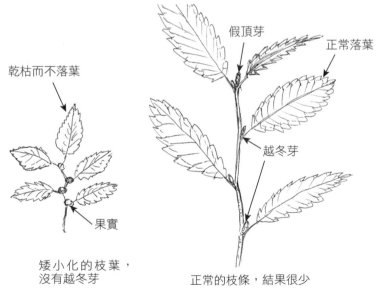

乾枯而不落葉

假頂芽

正常落葉

越冬芽

果實

矮小化的枝葉，
沒有越冬芽

正常的枝條，結果很少

圖5.21　有著果實和枯葉而落下的櫸木小枝

長得很長，葉子很大，不太開花結果。但也有長得長又開花的枝條，葉子會正常的變紅然後落葉，果實在秋天就直接落到樹下。像這樣子的枝條與果實的型態變化是櫸木的生態適應，櫸木需要大量水分，在環境條件良好的地方把果實落在附近，而在條件不好的地方則讓種子飛落到遠處。小枝結了很多小果的時候，飽滿的越冬芽是在前年枝條的尖端形成。

　　就筆者所知，1980年前這種異常現象很少，近年來都市的熱島現象和異常氣候，常會在都市中見到這種結果的現象。特別是在前一年初夏越冬芽形成的時候，如果遇到非常熱且乾燥的氣候，樹木只能形成小的越冬芽，而第二年呈現異常的小葉開花結實現象。最近在河川的沿岸及水池旁生長的櫸木也有這種現象，可能是異常氣候造成的廣大影響。櫸木的異常葉是生態性適應的現象，如果這種狀況成為常態，櫸木就會慢慢的衰退而枯萎死亡。這是一個應該注意的環境變化指標。另外，被強度修剪的樹木為了恢復光合作用而盡力生長，修剪後數年內長出的潛伏芽枝不太會開花結果。但是，因為沒有異常結果的現象，就把強剪後強勢生長的狀態視為樹木健康，這是錯誤的觀念。

樹木的小知識7　放射組織

　　在樹木的橫斷面上，可以看到從髓心到樹皮表面持續的線，這就是放射組織。放射組織在剝皮的樹幹表面呈現軸方向的紡錘形狀。放射組織在邊材的內側及外側、韌皮部及木質部、韌皮部及皮層之間進行各種的物質交換。闊葉樹及大部分針葉樹的放射組織都是由活的薄壁細胞所構成。針葉樹中，大部分松樹與部分的檜木樹種，其放射組織內有死細胞的假導管（放射假導管）。放射組織是由形成層的放射組織原始細胞分裂，向木質部與韌皮部雙方生長而成。韌皮部的放射組織年年脫落，新的放射組織會擠碎舊的細胞而不長長。放射組織裡有數種不同形狀的細胞，水平方向（放射方向）是長的平伏細胞；軸方向的長細胞是直立細胞；軸方向與水平方向相同的細胞稱為方細胞。另外，放射組織軸方向的假導管和導管會進行物質交換，它的接點稱為分野，在此有分野壁孔的洞。放射組織的薄壁細胞基本上不進行細胞分裂，但是在樹皮剝落腐朽入侵時會形成樹皮及不定根。

13 · 櫸木的延遲開葉

櫸木的展葉，在日本關東地區早至三月下旬，晚至四月開始，但是也有到六月才展葉的樹（**圖5.22**）。原以為它死掉了，卻在六月底開始開葉，然後進行一般的枝條生長。為什麼會出現這樣的個體呢？原因有非常多，假說如下。

櫸木是有大導管直徑的環孔材，基本上，前一年製造的年輪導管在越冬時會有氣泡進入，喪失通導水分的能力。當然，更早以前形成的年輪導管也會有氣泡進入，產生充填體現象，失去通導水分的能力。於是，櫸木在展葉前會先製造大導管列（環孔），確保當年的水分能夠通導。這些能量是源自於木材與樹皮蓄積的糖和澱粉以及樹幹的皮層組織，也就是樹皮進行光合作用產生的。樹皮的光合作用在落葉時持續進行。然而，如果樹勢不良，枝幹蓄積的能量不足，樹皮的皮層組織沒有充分的水分供給，導管形成需要更多的時間。無法形成導管時，就不能提供展葉的芽所需要的水分，所以有時會到六月才開始展葉。

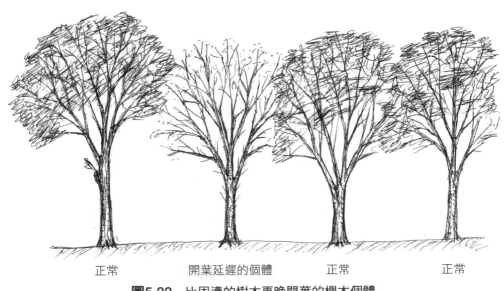

| 正常 | 開葉延遲的個體 | 正常 | 正常 |

圖5.22 比周遭的樹木更晚開葉的櫸木個體

14 · 葉柄的祕密

　　許多闊葉樹的葉柄受風時柔軟的彎曲，葉身會轉向背風處。由於葉
片原本就不能承受大的風力，落葉闊葉樹會比常綠闊葉樹更容易彎曲。大
概是因為常綠闊葉樹比落葉闊葉樹受到風力的時間更長，葉子比較硬的緣
故。像這樣子葉柄有柔軟特性的是山楊。山楊的葉柄如**圖5.23**，葉身面垂
直的**斷面**細長。山楊的葉柄非常柔軟，微風吹拂時也會簡單的彎曲，葉子
的尖端朝著下風處。此時，葉身心形的基部彎曲讓風力消散，於是樹幹和
大枝不會產生大的彎曲應力。葉子被風彎曲就像飄旗現象般搖擺，碰撞枝
條或葉子相互碰撞。山楊在日文又稱「山鳴」，就是因為其樹冠全體碰撞
產生的聲音。山楊的樹高在30公尺以上，常用來作免洗筷，其材質木質素
量很少，並不強韌。山楊之所以材質不強韌也能夠長得這麼高，就是因為
葉柄的構造減輕了風力。

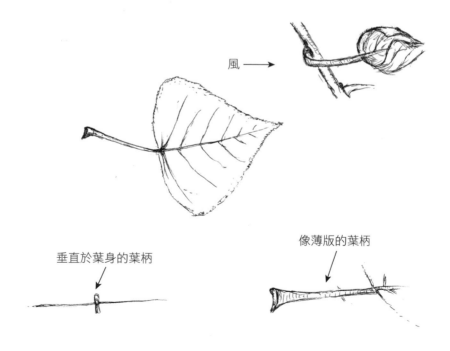

風 ⟶

垂直於葉身的葉柄

像薄版的葉柄

圖5.23　山楊的葉子

15 · 秋天伸長現象及冬季維持綠葉的落葉性行道樹

　　日本有非常多的樹種會在初夏形成明年的新芽，也就是形成越冬芽。越冬芽在當年開芽展葉的現象稱為秋季伸長。樹木在秋季伸長時若受強風而折斷、受海風而受傷、過度修剪、移植、盛暑乾燥期等狀況，沒能充分進行光合作用，便會為了回復樹勢使休眠芽長出，或是讓前年的潛伏芽長出。行道樹由於受到路燈的照明，沒辦法達成秋天的短日條件，越冬芽無法進入休眠時，也會造成秋天伸長。秋季伸長的枝條到晚秋會在尖端產生小芽，一般而言不會乾枯，可以平安越冬。

　　在明亮的路燈附近生長的法國梧桐和柳樹，常會看到這些行道樹的葉子在冬天不落葉而保持綠葉的現象（**圖5.24**）。這是由於路燈造成長期的長日條件，而無法落葉。這些葉子會在明年早春發芽前，形成離層而脫落。根據前北海道大學低溫科學研究所的酒井昭博士研究，以札幌市的山楊行道樹為研究標的，比較正常落葉的枝條和冬季仍然維持綠葉的枝條，兩者的耐凍性，發現維持綠葉的枝條耐凍性較弱，但是這些枝條並不會因為受凍而枯萎，所以這種現象每年都看得到。

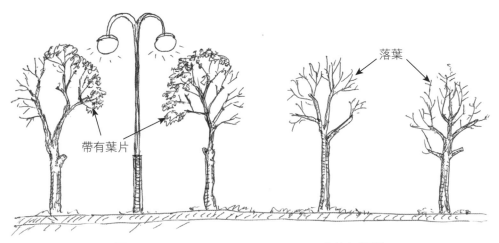

帶有葉片

落葉

圖5.24　冬天保持綠葉的行道樹和周遭的行道樹

16・蔓藤的戰略

　　紫藤、南蛇藤、山葡萄、菱葉常春藤等木本蔓性植物會纏繞其他的樹木，長到與被纏的樹木同高或更高，以進行光合作用。被纏繞的樹木會因為光合作用受阻而逐漸衰退。被纏繞的樹木枯萎而倒伏後，蔓藤也無法進行光合作用，所以蔓藤通常會纏繞周圍的樹木讓自己不要倒伏。觀察這些蔓藤的木材，木質素非常的少而柔軟，相當容易彎曲，需要非常大的力量才能拉斷。

　　觀察紫藤的斷面，年輪生長遲緩的部分如**圖5.25**，大型的導管列狀排列，幾乎沒有形成晚材。此外，細胞壁幾乎不含木質素。另外還有如圖5.26的紫藤，特殊的肥大生長使樹體變形，纏繞樹幹與沒有纏繞樹幹而自我支撐的部分，形成完全不同的斷面型態。紫藤的特殊肥大生長是由韌皮部薄壁細胞的二次形成層變化而形成。判斷紫藤樹齡的時候，不能夠計算其半月形的年輪，需計算圓形的部分。紫藤在形成圓形的年輪同時，也形成半月形的年輪。但是也常看到紫藤的蔓藤，其最初的圓形部分死亡，只有半月形部分成長的狀況，所以沒辦法由其斷面判斷年齡。

環孔材

圖5.25　由大導管構成的紫藤年輪

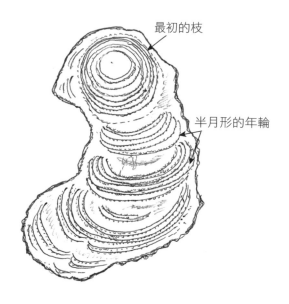

最初的枝

半月形的年輪

圖5.26　呈現特殊肥大生長的紫藤

17 · 菌根的功能

　　幾乎所有的樹木根系都和菌類共生，形成菌根。形成菌根的部分是具有表皮、未木栓化的細根。菌根的種類有叢枝菌根，外生菌根，內外生菌根，杜鵑型菌根，monotropoid菌根，arbutoid菌根，蘭菌根，共七種菌根。有些種類也不包含在以上七類之內，這稱為偽菌根。菌根是在表皮組織和皮層組織未木栓化的細根處形成的，無法以肉眼判別的是外生菌根和內外生菌根。外生菌根在松科樹木特別發達，其外觀的型態如**圖5.27**所示。

　　形成菌根的側根被菌絲膜包覆細根，形成菌鞘，如薑狀肥大，沒有根毛。所謂的外生菌根是菌絲沒有進入到根的組織內，只進入皮層組織，但是也沒有進到皮層細胞的細胞膜內。內生型菌根菌進入到皮層細胞的細胞膜內。外生型與內生型的菌絲都只有進入到細根皮層組織，沒有進入到內皮的內側。菌根菌的菌絲在土壤內伸長，比根毛更加的細且長，可以進入細根無法進入的土壤間隙，吸收養水分。相對的，根提供光合作用產生的醣類給菌根菌。菌根菌能夠有效吸收土壤中難以移動且根也難以吸收的磷酸，因此除了十字花科與部分藜亞科植物以外，對其他植物而言，形成菌根是不可或缺的。有形成菌根的樹木和沒有形成的樹木，成長量非常的不同，原來可以長到30公尺以上的樹木，如果沒有形成菌根，可能只長到數公尺高。

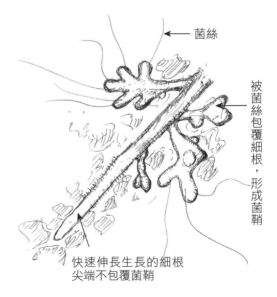

菌絲

被菌絲包覆細根，形成菌鞘

快速伸長生長的細根尖端不包覆菌鞘

圖5.27　外生菌根的型態

第6章 環境與樹木

1・環境與樹型

（1）地形與樹型

　　在山地生長的樹木，海拔及地形不同，生長狀況就不同。稜線，山腰，山谷的水分條件完全不同。稜線下雨的時候水馬上流走，風很強所以容易乾燥。山谷水分聚集，風比較弱所以潮溼，山腰的水分由山上流入又流走，水分環境介於稜線和谷底。於是同樣的樹種，長在稜線上的樹木高度較低，下位枝開張，根長得非常廣。而谷底的樹木長得很高，樹幹沒有下位枝，根系不發達（**圖6.1**）。

　　一般林業認為稜線適合種赤松，山腰適合種檜木，山谷

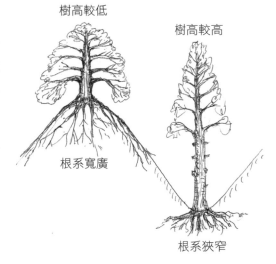

圖6.1　稜線的樹木和谷底的樹木樹型不同

適合種杉木。但是稜線也
有很潮溼的地方。氣流通
過稜線時，形成上升氣
流，氣流中含有大量的水
蒸氣，形成雲。在這雲霧
的地形，樹木的枝條會捕
捉空氣中的水滴，低落在
根頭，供給比降雨量還多
的水分給根系。因此，也
常在稜線和山腰上看到天

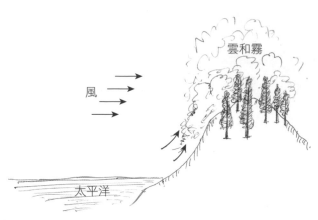

圖6.2 從太平洋來的風衝擊山脈形成上升氣流產生大量的雲

然的杉木林，大多都是這樣的立地條件。世界上最高的樹——世界爺高達
112公尺，生長在美國加州的海岸山脈。太平洋潮溼的風在山脈形成上升氣
流，造成大量的雲（**圖6.2**）。於是世界爺的葉片捕捉水分，低落根頭，才
會長得如此高。由這種雲霧所繚繞而成的森林稱為雲霧林。

　　傾斜站立的樹木通常樹幹是彎曲的，形成根頭彎曲的型態（**圖6.3**）。
在如**圖6.4**的傾斜地進行造林或下種更新，由於靠近山頂側的樹相對較高，
而靠山谷側的樹木會被靠山頂側的樹冠所遮蔽限制，所以靠山谷側的樹冠

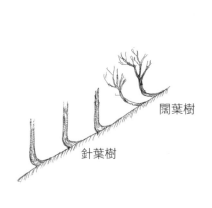

圖6.3 急傾斜地樹木明顯的根頭彎曲

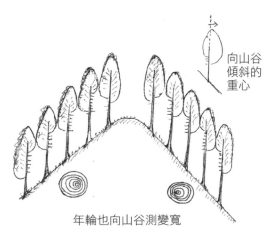

圖6.4 傾斜地生長的針葉樹枝條的偏斜

向著空間較廣的山谷生長。於是，靠山谷部分的樹重心向山谷偏斜，為了要修正樹體，造成樹木根頭彎曲。另外，在很斜的地方有土石和積雪滑落，也會造成年輕的樹木向山谷傾斜，於是樹體彎曲向上，形成明顯的根頭彎曲現象。

有些人說：「在山上迷路時切斷樹木，年輪較寬的部分是南邊」，這是一種錯誤的迷思，相信這樣的事情是非常危險的。長在傾斜山坡的樹木，年輪如剛才所說的形成偏心生長，針葉樹的狀況是向著谷底年輪較寬，闊葉樹是向著山頂的方向較寬。這個原理和斜面有關，和太陽方向無關。但是這也不是必然的鐵則，在懸崖邊生長的針葉樹本來應該向山谷生長卻沒辦法，就會往靠山的方向生長，闊葉樹也是相同，條件不足時也會向山谷生長。那麼，為什麼會有這樣錯誤的觀念呢？在杉木、檜木森林進行山野活動的人，休息的時候會找陽光良好的南向斜面，被砍過的樹林處休息。坐在被砍的樹木上，會看到切斷面向著南面生長，於是就認為向陽的南面會使樹木生長快速，而產生錯誤的觀念。

（2）氣象與樹型

氣象與樹型有密切的關係。通常單一方向受到強風吹襲的地方會形成風衝樹型（**圖**6.5）。通常在海岸與山地的稜線，強風會從單一方向吹來，針葉樹會形成**圖**6.6的樹冠型態。向風處的枝條枯萎，背風的枝條生長，像飄旗現象的形狀。單一方向的強風、寒風、海風使向風處的芽及頂芽枯萎，而背風芽的殘存，便會形成這種型態。這種型態在特定風向的地方會形成安定的樹型。

觀察日本關東地區平野部分的高大銀杏枝梢，大部分如**圖**6.7所示，稍微向北方彎曲。這是因為春天發芽展葉時期，南方海風吹來，南向的芽及新葉枯萎，而背風處北側的枝條生長。角質層還沒有非常發達的新葉，容易遭受鹽害。

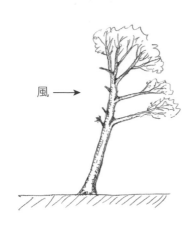

圖6.5 一般的闊葉樹的風衝樹型

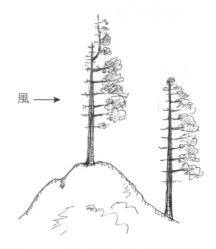

圖6.6 飄旗現象的針葉樹風衝樹型

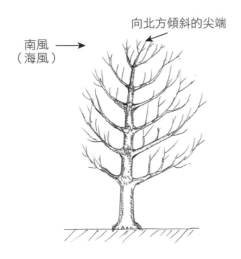

圖6.7 日本關東地區高大銀杏的枝梢朝北方傾斜

圖6.8 高樓風或強烈寒風地區生長的闊葉樹樹型

在冬季，寒冷乾風吹襲地區生長的樹木，或是大樓強風附近種植的樹木，常常會有**圖6.8**的樹型。這是因為強力的寒冷乾風使樹冠外的側芽與枝條枯萎，而樹冠內側的芽及枝條生長所造成。在大樓風強的地區種植的樹木，氣象狀況雖然不是太冷，但卻很乾燥，因此容易形成這種樹型。這是樹木移植時，根系被切斷，水分吸收能力下降所造成的影響。

也有一些樹木會因為雷擊而枯死。一般是單棵樹木死亡，但在森林中也有集體死亡的狀況。樹木因落雷枯死時，外觀上看不出變化，通常沒辦法馬上發覺。此外，樹幹中會形成水浸材現象含有大量水分，這是高電壓使水分瞬間高溫，水蒸氣爆發使木材破裂造成的。在這樣的狀況下，很少會有樹木全體死亡的情形，大多會在樹幹上長出潛伏芽枝。有些情況是樹木還不到死亡，但枝梢到根頭會形成細長且連續的樹皮死亡及溝腐現象（圖6.9）。這些都是落雷所引起的傷害型態，也有其他原因會產生類似狀況，需要熟練的技巧才能判定。

尖端枯死

彎曲向上的枝條

從上到下持續地溝腐

圖6.9　受到雷擊樹木的樹型

（3）薩赫爾地區的樹型

非洲撒哈拉沙漠的南側是一個往東西邊延續的半乾燥地區，稱為薩赫爾（非洲語為「邊緣」的意思）。薩赫爾地區的氣候是雨季和乾季分明的熱帶草原氣候，年降雨量約為600mm以下、200mm以上。降雨量200mm以下就成為沙漠地區。這個地區的樹木多半是有刺的金合歡，基本上樹與樹之間的樹冠不相臨接，彼此間有很大的距離。距離的長短取決於降雨量和地形的土壤水分，降雨量多，樹間隔狹小，樹較高；降雨量少則樹間隔遠，樹較低，。樹木間隔較遠的地方會長出灌木和草本，卻長不出高的喬木，但若有既存的樹木枯死或倒伏後，便會有新的個體侵入。因為樹木不管距離多遠，其實彼此的根系是互相臨接的，分享了些許的水分（圖6.10）。也有一個假說是樹木的根系會分泌毒他作用物質，阻止新的個體入侵。薩赫爾地區的金合歡類和在澳洲生長的常綠金合歡類並不相同，有著在雨季時帶葉到乾季就落葉的落葉樹，也有在乾季著葉，雨季落葉的微

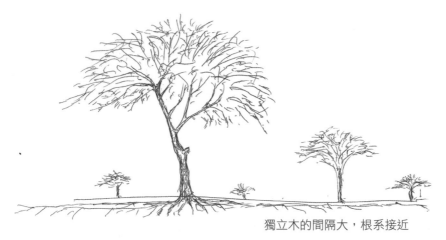

独立木的間隔大，根系接近

圖6.10　薩赫爾地區的金合歡樹型與根系

白金合歡，具有完全不同的性質。這可能是因為微白金合歡比其他樹種具有更深的根系，吸收地下的毛細水，所以乾季時也不落葉，但在雨季水分充足的時候，卻產生土壤氧氣不足的情形，造成落葉而進入休眠狀態。微白金合歡的這個性質是為了要避免和其他樹種進行水分競爭，同時也是乾季時食葉動物珍貴的食物。筆者最初在雨季時看到這種樹，產生了為這樣的大樹乾枯而感到可惜的誤解。

（4）雪害及樹型

A·樹冠雪害

下雪時，雪的重量會使枝幹彎曲折斷，從斜坡向下移動的雪會使樹木傾斜，甚至讓樹木傾倒，積雪也會造成大枝從樹幹撕裂。**圖6.11**是雪害造成的各種型態，都是由樹冠積雪的重量所致。樹冠上的積雪在夜間結凍，完全地附著在枝葉上，在融雪之前，會處於長期的低溫狀態。此時耐凍性不佳的常綠闊葉樹會因為葉片細胞凍結而死亡。初春時，日本花柏的綠籬積雪，接近半個月呈現凍結狀態，雪融化以後無法長出枝條而枯萎。這是因為春天的花柏沒有耐凍性又受寒害，造成細胞凍結的枯死現象。

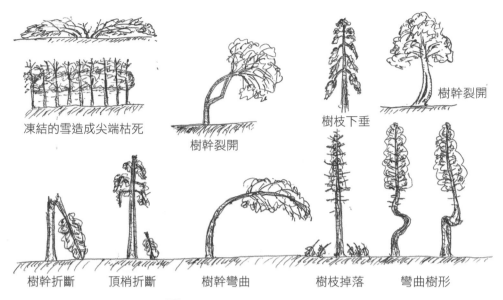

凍結的雪造成尖端枯死　　　　　　　　　　　　　　　　　　　　　　　　　樹幹裂開

樹枝下垂

樹幹裂開

樹幹折斷　　頂梢折斷　　　　樹幹彎曲　　　　　樹枝掉落　　彎曲樹形

圖6.11　　各種受到雪害的樹型

B・斜面移動的積雪害

　　圖6.12為斜坡積雪移動造成的傷害。斜坡積雪有時會緩慢移動，也有像雪崩般的快速移動，速度的快慢和深度會造成被害程度的不同。緩慢移動的積雪會造成根頭彎曲的現象，雪崩則會使整棵樹拔起或樹幹折斷。

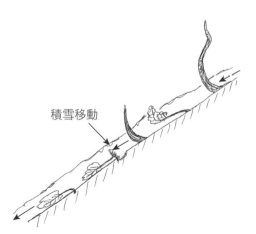

積雪移動

圖6.12　積雪移動造成樹木的傷害

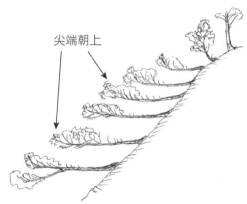

尖端朝上

圖6.13　在多雪地帶的陡坡上，樹幹呈水平生長的樹木

在多雪地區的斜坡，每年冬天降雪後，雪的移動會使小樹倒伏，春天解凍後，會變成壓縮反應材彎曲向上生長，當樹長到不會被積雪深埋的高度，就不會再次倒伏，可以順利的生長。然而也會在陡坡上看到粗大的樹木呈現倒伏的現象（**圖6.13**）。

C・枝條撕裂

經常會在多雪地區看到積雪使低處枝條整枝撕裂的現象，這是因為積雪會從下方開始融解。剛開始下雪時，因為空氣中的污染物質和鹽分較多，凝結點較低。接觸地面的雪因為碰到土壤表面的各種物質，凝結點下降。此外，土壤有許多有機物堆積，它們被微生物慢慢的分解發酵，在積雪下發酵熱聚集。

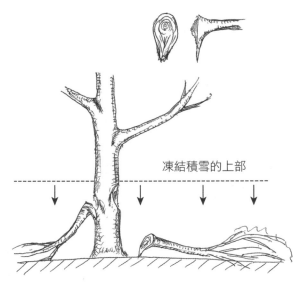

凍結積雪的上部

圖6.14　積雪沉降造成枝條撕裂

於是積雪從下方開始溶解沉降，但枝條上方的雪越來越重，使枝條下垂而深埋土中，在沈重的冰雪堆積之下，造成下位枝撕裂（**圖6.14**）。

D・初春根頭附近的較早的融雪

初春時，積雪的森林內的樹木根頭周圍的雪開始溶解，如**圖6.15**左所示。有許多媒體報導，這個現象是春天時樹木開始活動，產生生理熱而融雪。然而，這是一個誤解。實際上是因為初春時，外氣溫上升，樹冠附著的雪開始融雪，隨之流到樹木的根頭。此外，有時除了雪還有降雨，便會

產生樹幹流。樹幹流從樹皮流下，許多物質因此溶解，造成冰點下降。因此，樹幹根頭的雪較易溶解的說法比較合理。在雪地裡打木樁也會有類似的現象產生（圖6.15右）。

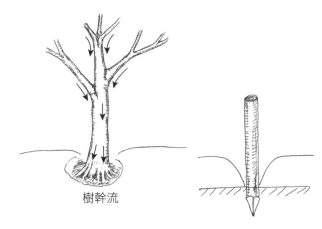

樹幹流

圖6.15 初春時，樹木根頭的融雪現象

（5）立木密度與樹高的關係

比較群集生長與獨立生長的樹木時會發現，群集成長的樹木樹較高，如圖6.16，這稱為密度效應。密度效應的顯現對於適當的樹木密度是必要的，密度過高會抑制樹高的生長。適當的密度和樹木的大小與樹種有很深的關係。在苗木階段，密度過高會使樹高變高，但當樹木長大後就不再有適當的間距。一旦樹木的間距過小，就會使樹冠變小，成為集中於頂端的樹型，光合作用明顯下降，沒辦法維持向上生長，反而使樹高受抑制，密度較低則可以讓樹長得比較高。

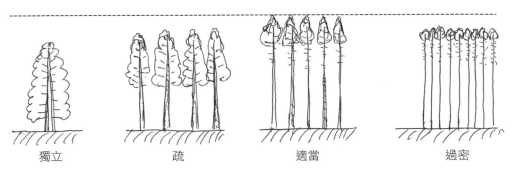

獨立　　　　疏　　　　適當　　　　過密

圖6.16 密度和樹高成長的關係

近年來林業不景氣，很多的造林地沒有間伐，過剩的樹木密度造成細長的樹幹，枝條容易枯萎，使林內非常陰暗，妨礙林床植生的生長，因而造成表層土壤嚴重侵蝕流失的現象。

（6）林冠木的樹冠的獨立性

杉木林的林冠從林內向上看，如圖6.17所示，樹冠與樹冠間不互相交錯，而是獨立型態。這是因為樹冠互相阻礙光線，讓枝條不往側向生長。另一個原因是樹冠受風搖晃互相接觸時，會產生乙烯等植物荷爾蒙，側枝的生長因此受到抑制而枯萎。

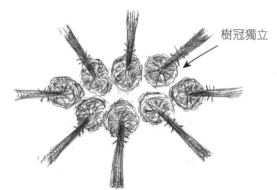

樹冠獨立

圖6.17　杉木林內由下往上看的林冠

（7）垂枝柳樹的安定性

許多樹木從主幹向上長出枝條，盡可能地接受陽光，但垂枝柳的主幹長出的細枝卻是下垂的（**圖6.18左**）。一般樹木與垂枝柳在樹幹與樹枝的分歧處也非常不同（**圖6.19**）。之所以會形成像垂枝柳的樹型，可能是它生長的地方不是森林而

圖6.18　垂枝性樹木和普通樹木枝條分布的模式圖

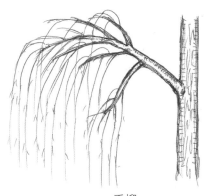

| 垂柳 | 普通的闊葉樹 | 針葉樹的下位枝 |

圖6.19　垂枝性樹木和普通樹木的枝幹分歧部型態的模式圖

在沼澤地附近，光線不只從天上照射，下方也會受到水的反射。這種樹型能使樹幹盡量不受到風力造成的曲折應力，比其他的樹木用更細的枝條生長等量的葉子。日本諺語，「柳樹不因雪折」、「柳樹不因風折」，就是在指柳樹的樹型。但實際上因為柳樹的材質相當脆弱易折，而常常會斷。

同樣是柳樹類的日本原生立柳等，枝條則向上生長，能夠在河源地帶形成樹林，但為了保持力學的強度，比起垂枝柳，需要更多的木材。這些在河源生長的柳樹採取能在洪水時倒伏的生存策略，所以易折、易倒也沒關係。因此，大部分的柳樹，其細胞壁的木質素極少且柔軟。

 樹木的小知識8　一齊天然下種更新

　　所謂的天然下種更新法是指，相對於人工栽植的人工林，天然林和部分人工林，其樹木的種子會在周圍落下形成新的樹林。天然下種更新是將樹木選擇性砍伐，留下數棵結實的樹木，其餘砍除，種子落下後會在廣大的面積一起發芽，形成相同樹齡的樹木。這稱為一齊天然下種更新。

2‧反應材的形成

（1）反應材與樹幹傾斜的關係

幾乎所有植物的莖都是向上生長，來盡量得到更多光線，以和其他個體競爭，如果植物體傾斜，莖就會彎曲向上生長。草本植物一次組織的薄壁細胞會在莖的上方與下方進行不同的伸長生長，使莖彎曲。而木本植物的維管束形成層形成的木質部二次組織，是由原形質消失的死細胞所構成的假導管和木纖維為主，細胞已經停止軸向成長。此外，細胞壁沉積了很厚的木質素，使樹體保持堅硬。於是樹木通常形成新的木質部組織，除傾斜處外的部分仍保持向上直立生長。

樹木如果明顯傾斜或偏向生長，地上部的重心會偏離根頭，形成反應材（圖6.20）。同樣地，幾乎所有的樹木或樹木上多處如樹枝都會形成反應材。木材業者將反應材視為異常材，但是對於樹而言，反應材是維持向上生長不可或缺的木材。

椰子和樹不同，沒有二次生長，所以不會形成反應材，但是會彎曲

壓縮反應材　　　　拉張反應材

圖 6.20　枝幹彎曲部分的反應材位置（箭頭部分為反應材）

圖 6.21　棕櫚類的樹幹彎曲型態

樹體而直立（**圖6.21**）。這和草本的莖相同，頂端的分裂組織細胞持續分裂，傾斜側的細胞伸長大於相反側，使樹體彎曲，讓樹幹向上生長。

（2）針葉樹的壓縮反應材

針葉樹和闊葉樹的反應材特性並不相同。針葉樹在傾斜的樹幹或枝條的下方將樹體壓擠向上，形成壓縮反應材（**圖6.22**）。年輪的排列如**圖6.23**，下方側較寬，顏色較濃，細胞壁的木質素變多，難以區別早材和

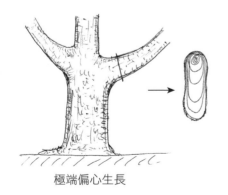

圖6.22 傾斜樹幹的下方形成壓縮反應材

木質素多

圖6.23 壓縮反應材的斷面與年輪分布

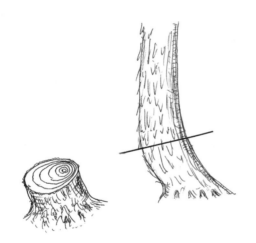

極端偏心生長

圖6.24 樹枝的壓縮反應材部分的年輪分布

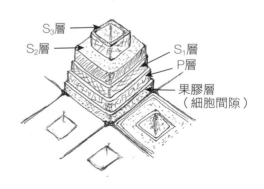

S₃層
S₂層
S₁層
P層
果膠層
（細胞間隙）

圖6.25 假導管細胞壁的構造模式圖

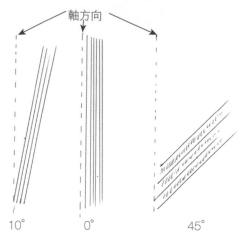

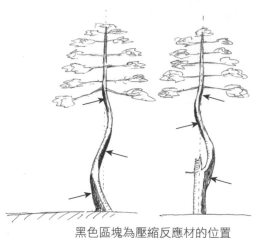

圖6.26　假導管細胞壁S₂層的微小纖維
　　　　排列變化的模式圖

圖6.27　樹幹呈S形的壓縮反應材形成的
　　　　位置

黑色區塊為壓縮反應材的位置

晚材（**照片7**）。壓縮反應材也會在樹枝形成，造成極端的偏心生長（**圖6.24**）。細胞壁可分為細胞間隙的果膠層和P層（初生細胞壁），太近還有內側的S層（次生細胞壁），S層還可以再分為S_1、S_2、S_3三層，如**圖6.25**。其中，較厚的S_2層的微小纖維排列與軸向呈45度，有時候接近90度的排列（**圖6.26**）。形成層細胞分裂後，微小纖維具有間隔，細胞以軸向生長，微小纖維間的間隙填充木質素，使細胞不再收縮。此外，壓縮反應材沒有S_3層。

　　如此一來，傾斜後形成的年輪，樹幹向下側的部分較寬。相對於構成細胞以軸向生長，上方側的年輪不太生長，細胞也不以軸向伸長，於是樹木由下往上壓擠，使樹體彎曲。樹幹的先端回到根頭的正上方，稍微超過根頭再反方向彎曲回來，形成S形（**照片8**）。此時，壓縮反應材會在**圖6.27**的黑色區塊上形成。

（3）闊葉樹的拉張反應材

　　闊葉樹在傾斜的樹幹及枝條的上方形成拉張反應材。樹幹的斷面如**圖**

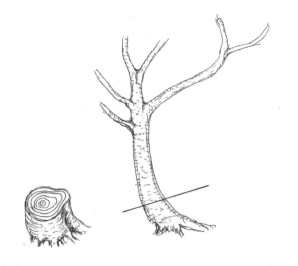

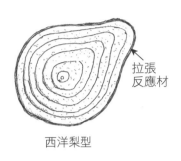

西洋梨型

圖6.28 傾斜樹幹的上方側形成拉張反應材　　**圖6.29** 拉張反應材的斷面的年輪分布

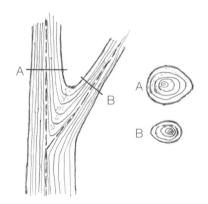

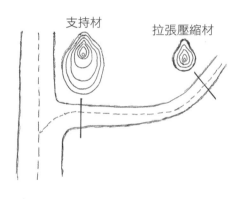

圖6.30 枝幹之間連結的拉張反應材　　**圖6.31** 逐漸伸長下垂的下枝的年輪分布

6.28所示，上方側變得較寬，整體呈西洋梨型（**照片9**）。拉張反應材的假導管細胞和纖維細胞的細胞壁，木質素含量很少，S_2層的微小纖維排列與軸方向呈水平（**圖6.29**）。細小纖維像彈簧般具有細胞收縮的特性，樹幹全體如纜繩拉扯般使樹體彎曲。拉張反應材在樹幹和樹枝之間也會形成（**圖6.30**），但樹幹下方以水平方向粗大伸長的枝條基部則不會形成拉張反應材。不過，枝條基部並非不形成拉張反應材，而是樹體因重量逐漸地向下垂，比起收縮更加伸長的時候，沒辦法形成拉張反應材（**圖6.31**）。

另外，樹木若形成前述的夾皮枝叉（見p.38頁），或是多棵樹木過度接近生長，造成根頭互相擠壓的狀況也不會形成拉張反應材。

圖6.32　枝垂櫻的枝條分布

櫻花類等多數的闊葉樹成為老樹後，多少會有枝條下垂的特性。江戶彼岸櫻是一種垂枝櫻（**圖6.32**），從年輕時就有下垂的特性。有些闊葉樹種的幹和枝，枝和小枝之間的枝叉不會形成拉張反應材，因此產生枝垂現象。在垂枝櫻上噴灑激勃素枝條就會向上生長，因此，垂枝櫻是因為無法順利產生激勃素，才沒辦法形成反應材。枝垂性樹木下垂的枝條，其細胞壁木質素含量很少，而纖維素含量很高，相當柔軟，雖然無法承受壓縮重壓，卻能夠承受拉扯應力。然而，垂枝櫻也必須長出向上的枝條，不然長不大。但向上的枝條沒辦法長久維持，一陣子後便往橫向生長，接著就會下垂，可能是因為拉張反應材的成長不持續。

（4）對應反應材的根系型態

樹幹下部的彎曲部分會形成反應材，成為根系發育的重要前提條件。針葉樹型成壓縮反應材，根系必須往傾斜下側的土壤進行肥大生長。闊葉樹的根系則須往傾斜的相反側土壤生長。在斜坡生長的樹木，杉木和檜木等針葉樹的根系如**圖6.33**左所示，闊葉樹如**圖6.33**右所示。另外，同樣是針葉樹的黑松、赤松、琉球松和其他的針葉樹不太一樣，會稍微往傾斜方向長出下垂且深的根系（**圖6.34**）。

在懸崖直立生長的針葉樹，原本應該朝傾斜方向長根，但由於沒有土

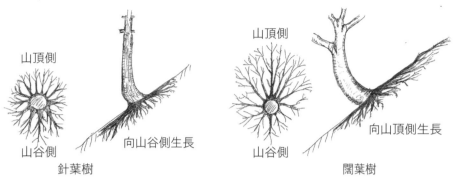

山頂側
山谷側
針葉樹

向山谷側生長

山頂側
山谷側
闊葉樹

向山頂側生長

圖6.33 斜面生長的針葉樹和闊葉樹的根系模式圖

向深處生長
的下垂根

圖6.34 長在斜面的松類根系模式圖

向山頂側生長

圖6.35 懸崖邊，針葉樹的根頭處與上
方的年輪分布

壤讓根生長，根系因此朝山的方向生長。針葉樹如果形成這樣的根頭，其
附近的年輪如**圖6.35**所示，長出類似闊葉樹拉張反應材的年輪，其上側寬
幅的木材缺乏木質素。在多雪地帶，斜坡生長的杉木林，因斜坡上移動的
雪形成明顯根頭彎曲現象，此時樹幹和根的狀態如**圖6.36**所示，從樹幹長
出不定根支持樹體。然而，根頭附近若是岩盤而長不出不定根時，年輪就
跟懸崖的樹木相同，向山側生長（**圖6.37**）。這個狀態的樹木，其斷面上
也有稍微形成壓縮反應材。

　　闊葉樹拉張反應材的形成，如**圖6.33**右所示，必須在傾斜的反方向長
出根系，如果在反方向不能生長根系時，會形成類似壓縮反應材，在傾斜

的下側生長。此時，拉張反應材會如**圖 6.38**的位置形成。

　　針葉樹和闊葉樹因遺傳而形成不同的反應材。如前所述，樹木對應環境條件而形成反應材。針葉樹型成像拉張反應材的年輪偏向，或是闊葉樹型成像壓縮反應材的年輪偏向，Mattheck博士稱之為支持材。

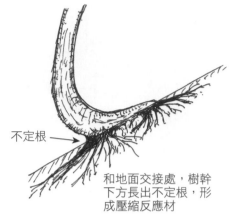

不定根

和地面交接處，樹幹下方長出不定根，形成壓縮反應材

圖6.36　在多雪地區斜坡生長的杉木

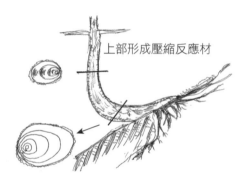

上部形成壓縮反應材

圖6.37　長在岩盤的針葉樹，無法形成向上擠壓的根的特殊年輪分布

上部形成拉張反應材

圖6.38　不能形成拉張根系的闊葉樹根頭之年輪分布

（5）為什麼闊葉樹比針葉樹能夠防止斜坡的崩壞？

　　如**圖6.33**左所示，斜坡上針葉樹人工林的根系，朝山谷方向的比較發達，根系如插進土中一樣支撐著樹體，根系範圍較為狹窄。就像支柱一樣從下方支撐著樹體，柱子只要淺淺的插在土裡就可以了。相對的，闊葉樹林在向山側形成扇形的根系，就像纜繩般的拉扯樹木。雖然纜繩比柱子還要細，但是必須大角度開張，固定在土壤中，闊葉樹的根如**圖6.39**所示，大面積地抓住土壤。由於根系型態的差別，闊葉樹比針葉樹更能穩定斜坡

土壤並防止其崩壞。
不過即使是針葉樹人
工林，若有良好管
理，並保持樹木密度
使林床植生發達，林
床的闊葉灌木根系固
定土壤，針葉樹的根
系廣泛的開張，並相
互癒合成根盤，其土
壤保持機能不亞於闊
葉樹天然林。因此並

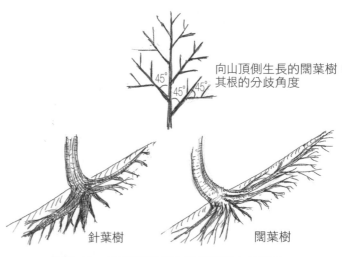

向山頂側生長的闊葉樹，
其根的分歧角度

針葉樹　　　　　　　　闊葉樹

圖6.39　針葉樹與闊葉樹根系固定的機能

不一定是闊葉樹，或是針葉樹就比較安全。

（6）反應材的年輪特徵

　　針葉樹的壓縮反應材，傾斜方下側的年輪比較寬，上側的年輪比較窄。年輪比較寬的部分受到比較大的壓縮應力，早材和晚材都呈現比較深的顏色，難以區分早晚材。因為壓縮反應材中早材的假導管細胞壁和晚材同樣厚，木質素沉澱使木材變硬。

　　闊葉樹的拉張反應材，傾斜樹幹的上側較寬，早材的部分比較白，鋸的時候較為粗糙，乾燥時就會產生光澤。而晚材的寬度比較窄，顏色較淡，也難以和早材區別。如前述，傾斜的針葉樹也有可能會在壓縮部分無法形成較寬的年輪，而在拉張的部分年輪變寬，這個部分的晚材內木質素

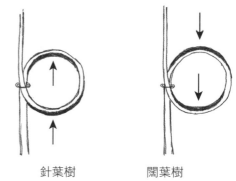

針葉樹　　　　　闊葉樹

圖6.40　樹幹明顯傾斜的針葉樹，形成豎琴樹的樹型

變少。相對的，闊葉樹如
果不能夠形成拉張反應
材，壓縮側的年輪就會變
寬，此部分的細胞壁會變
厚，木質素含量會變多。

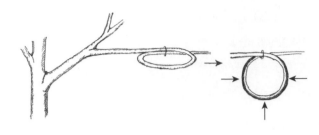

圖6.41　將闊葉樹的莖以水平向彎成圓圈，反應材形成的位置。

　　雖然說反應材是受
到遺傳所影響，但也發現
重力也具有大的影響。Jaccard在1938年進行古典性的實驗（**圖6.40**），將直立的針葉樹的莖彎曲成一個圈，於是壓縮反應材會在圈的下方形成，而非組織受壓迫的部分。同樣將闊葉樹的莖彎曲，拉張反應材會在圈的上方形成。但壓縮和拉張力並非毫無關係。Lachaud在1986年進行實驗，將闊葉樹的莖水平地彎曲成圈再固定，拉張反應材在外側的拉張部分形成（**圖6.41**）。

（7）傾斜樹木的枝條分布

　　樹幹傾斜時，為了支撐樹體，會形成反應材使樹幹彎曲，讓樹頂垂直向上直立，同時枝條分布的型態也會改變。杉木、雲杉、雪松等單軸分枝

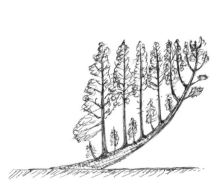

圖6.42　樹幹明顯傾斜的針葉樹，形成豎琴樹的樹型

圖6.43　粗大而傾斜的銀杏形成的枝條型態

直立樹型的針葉樹，樹幹如果如**圖6.42**般傾斜，下側的枝條就會枯萎，而上側的枝條會生長。這些枝條垂直生長後，會形成像豎琴的弦之型態（**照片3**），Mattheck博士將之稱為豎琴樹。同樣是裸子植物的銀杏，如**圖6.43**

朝傾斜相反側彎曲的枝條

傾斜下側枝條枯死

圖6.44　樹幹明顯傾斜的闊葉樹枝條型態

傾斜時，傾斜側的枝條生長會受到抑制，向上側的枝條會斜向生長，往原來的根頭傾斜生長。許多闊葉樹在嚴重傾斜時，枝條分布會如**圖6.44**，傾斜的下側枝條枯萎，上側的枝條向傾斜的反側傾斜生長，樹體的重心會回到根頭的正上方（**照片4**）。但在根頭附近生長的蘗枝幾乎是垂直生長的。

　　樹枝基本上是傾斜的，但若要取代成為直立的樹幹，就會長出水平或角度更狹小的小枝（**圖6.45**）。常會看到染井吉野櫻以水平方向生長大枝，大枝再長出向上生長的小枝，下方幾乎不會長出小枝（**圖6.46**）。水平的大枝不長出向下的小枝是因為光的關係，此外，也和生長素、細胞分裂素等植物荷爾蒙與生長素阻害物質的濃度有很大的關係。將歐洲白蠟樹

45°

向上生長的潛伏芽枝

圖6.45　垂直生長的枝條長出的小枝

圖6.46　水平生長的大枝長出向上的枝條

的小樹傾斜固定，就會長出圖6.47向上的枝條。將這些側芽摘除就不會長出側枝，當這些枝條夠粗時，切下來就成了拐杖。樹幹幾乎呈水平方向傾斜的狀態，樹木的尖端不加以固定，受風搖擺，樹枝就會朝根頭的方向彎曲生

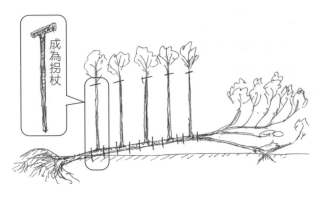

圖6.47　倒伏的樹幹長出垂直生長的側枝

長，使重心盡量回到根頭正上方，向下的枝條到達地面時，樹幹就不會搖動，長出垂直的樹枝。

（8）林緣木及海岸風衝傾斜木

在北海道海岸生長的槲樹及水楢的樹幹如圖6.48。這是因為海風造成向海方向的芽與頂芽枯萎，背風的側芽存活，而這個側芽因為頂芽優勢喪失，成為新的主軸向上生長。第二年，面海方向的芽與頂芽又枯死，存活的背風側芽又往上長（圖6.49）。反覆的生長就會形成這個樹型（照片2）。

觀察海岸的黑松林，就如同槲樹一樣朝內陸側

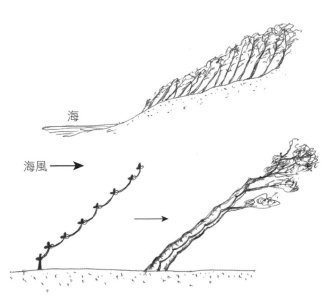

圖 6.48　北海道海岸沙丘的槲樹及水楢林的樹型

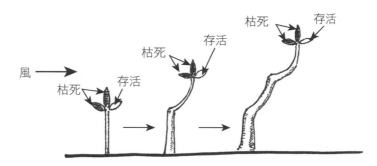

圖6.49 向風側頂芽及側芽的壞死與背風側側芽的成長

傾斜。這個傾斜的機制和槲樹不同。黑松的新梢柔軟，因海風而向內側彎曲。但由於黑松是擁有極度向陽性的樹木，不會靠近內陸側旁邊的樹，會在形成反應材的同時彎曲向上。海岸林全體都向內陸側傾斜**（照片6）**，越向內陸，傾斜的趨向越少，樹幹的彎曲度變小**（圖6.50）**。進入海岸的黑松林，觀察個別樹木傾斜的方向，並不一定全部都朝向內陸，也有樹朝海的方向。因為黑松是極陽樹，有時倒伏或死亡會使林冠開口，因此向著海岸方向彎曲的樹大多是受到光的影響。

　　觀察落葉闊葉樹的林緣木，較多是像**圖2.3**，朝林外彎曲生長，這是光向性的原因。光需求量大的樹木，基本上有背地性朝光的方向生長。如杉木與冷杉這些耐陰性高的大喬木也有很強的背地性。無視於臨接樹木的遮蔽，垂直向上生長，成為最高的樹木時，又向四處生長枝條**（如圖2.2）**。

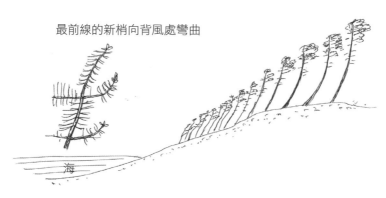

圖6.50 海岸黑松林的樹型

第7章 樹幹與大枝的力學適應

1 · 斷面產生的應力均等化及偏向生長

　　樹木的枝葉受風後，這些力會由大枝傳到樹幹再傳到根頭，最終被土壤吸收。在力流由小枝傳到根的過程中，如果應力的強度大於木材強度，就會破壞樹木使其斷裂。因此，樹木盡量將小枝、大枝、樹幹、樹根

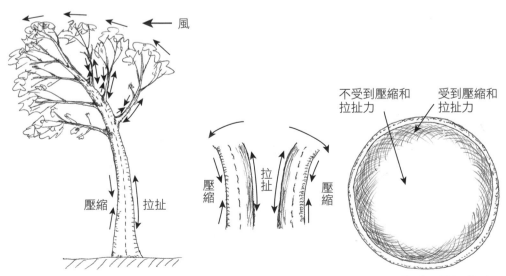

圖7.1　受到橫向風樹幹彎曲所產生的壓縮力及拉扯力

圖7.2　樹幹斷面產生的壓縮荷重及拉扯荷重的分布

等部分的力流均等化。但有時均等化非常困難。樹幹和大枝受到樹冠的重力，又受到風的側向力，於是受風時樹幹會彎曲，如圖7.1。背風向的樹幹被壓縮，而向風側的樹幹受到拉扯。搖晃時，這些力就會交互改變。樹幹的中心受到兩種不同的力，如圖7.2所示，樹幹中心在彎曲時會受到很強的剪力，有時會使年輪中心龜裂（圖7.3）。如果樹幹內部腐朽，樹冠的重量向下壓時，產生的高密度力流會如圖7.4從兩側繞過，局部的力流提高，造成高應力現象。樹木為了避免局部的高力流造成破壞，如圖7.5，位於高應力位置的形成層細胞分裂加快，進而使局部肥大成長，令單位面積力流密度下降。尤其是壓縮和拉張力量集中的樹幹外側區域產生缺陷時，就會快速的肥大生長。

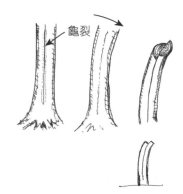

圖7.3 彎曲荷重的剪力造成樹幹中心剪力龜裂

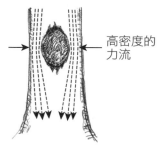

圖7.4 樹幹內部的腐朽造成力流密度改變

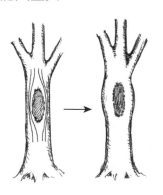

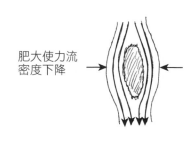

肥大使力流密度下降

圖7.5 局部肥大使力流密度均等化

2·樹幹斷面的凹凸

　　觀察樹木樹幹的斷面，櫸木和杉木等幾近於圓形或橢圓形。櫸榆、鵝耳櫪類、刺柏類等樹木的樹幹則為凹凸型態。這是因為櫸木和杉木樹幹的斷面，力流較為均等化，成長也相對均等化。而鵝耳櫪類等樹木，力流會集中在和有活力的枝條以及有活力的根相連的材料上，木材快速形成，於是木材特別發達部分會有力流集中的現象（**圖7.6**）。刺柏類的樹幹力流從枝條兩側迂迴傳遞，在枝條下方合流後力流平行向下傳遞，造成力流通過的部分生長，而枝條下方區域則有一長段沒有生長的樹幹型態（**圖7.7**）。具有活力的枝條將光合作用的產物向枝條下方供給，使枝條下方肥大，而沒有活力的枝條則形成明顯的凹洞。

　　許多樹種會在樹幹的軸向產生剪力龜裂，因為年輪橫向組織細胞不發達，所以橫向沒有拉扯力，就無法面對橫向的應力（**圖7.8**）。木材乾燥時會產生年輪中心軸向的乾燥龜裂，因為細胞乾燥收縮產生拉扯力，造成放射組織方向的龜裂。剪力龜裂的範圍還不到樹皮而是在樹幹內部的時候，龜裂的先端會產生極度應力，形成層感應到應力後快速的肥大生長，造成樹木表皮縱長突出（**圖7.9，照片22**）。

圖7.6　鵝耳櫪樹幹表面的凹凸

根頭的斷面

圖7.7　赤柏枝條下方的凹洞

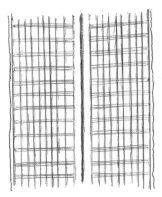

縱切面纖維及放射方向的
放射組織

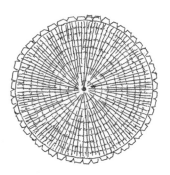

橫斷面的放射組織及年輪

縱切面放射組織及
從兩側繞過的纖維流

圖7.8　樹幹的假導管、纖維細胞及放射組織的排列

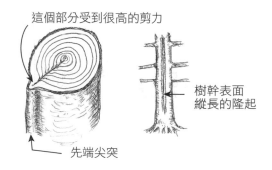

這個部分受到很高的剪力

樹幹表面
縱長的隆起

先端尖突

圖7.9　樹幹表面軸方向的隆起

　　橫斷方向產生龜裂時，會形成竹節般的隆起（**圖7.10**）。殼斗科櫟屬植物與鵝耳櫪類常見這種隆起型態，這是受天牛幼蟲的穿孔所致。天牛的雌蟲會將樹皮咬破後產卵，接著持續以水平方向移動數公分重複產卵，生完一圈後再移動至不同高度再度產卵。幼蟲孵出後開始啃食樹皮與木材，形成樹幹內部環狀的傷害，產生竹節般的隆起。

　　木材中如有相當幅度的細小纖維斷裂，會造成捲曲狀的隆起（**圖7.11**）。這種隆起型態闊葉樹較容易產生，針葉樹

圖7.10　圍繞樹一周的竹節狀隆起

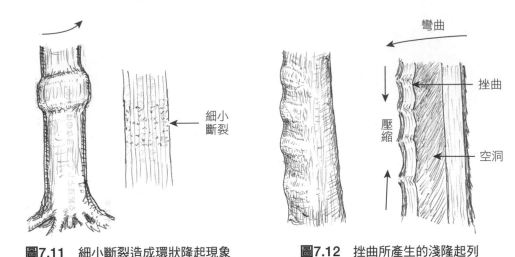

圖7.11 細小斷裂造成環狀隆起現象　　**圖7.12 挫曲所產生的淺隆起列**

較少，雪松以及雪地的杉木有時也會產生。

樹幹內部腐朽並持續空洞化時，殘留的壁變薄，便會產生壓縮方向的挫曲。挫曲發生時會形成如**圖7.12**的隆起，外觀和纖維斷裂後的型態非常相似，這種隆起在針葉樹和闊葉樹都會發生。

 樹木的小知識9　黑心

　　杉木的心材大部分是褐色的，有時會呈現黑褐色，稱為黑心。黑心的原因有兩種。一是遺傳性影響，主要是位於日本海附近的杉木比較多。一是受到外傷或蟲害所造成，如打枝也會造成樹幹受傷，形成花紋木材（**照片18**）。受到暗色枝枯病感染的樹也會呈現黑褐色的花紋木材。黑心部分的產生大多是因為放射薄壁細胞壞死，鉀的含量增多的原故，力學強度和健全材幾乎沒有差異。因黑心部分能防止白蟻生長，所以黑心化也是防禦機制的一種。

3 · 適應枝幹力學缺陷的型態變化

（1）適應樹皮傷及木材腐朽的型態變化

　　軸向的木材比起拉張力更不耐壓縮力，軸向的壓縮力只要是拉張力的
1/3～1/4就會使木材纖維斷裂。因此，當強風瞬間造成彎曲樹幹時，樹幹的
背風處容易斷裂。樹木為了對應這樣的外力，會在樹幹表面附近產生反方
向的應力，影響樹幹細胞的生長（**圖7.13**）。

　　即使樹幹中心腐朽，如果程度不大，對樹幹幾乎沒有影響，但是當
腐朽越靠近樹幹表面，就越容易造成折斷。於是在樹皮剝裂受傷時，為了
進行修補，周圍的形成層會活躍的分裂，再生成新樹皮及新的木質部（**圖
7.14**）。但是傷口被覆蓋後，形成層的分裂以及細胞的成長速度並不相
同，通常傷口的兩側會更加的快速生長，而下方最為緩慢。

　　樹幹上下方軸方向的應力傳導，是由連續的假導管及纖維細胞所傳
遞，同年輪的木材傳遞最快。樹皮受傷的部分無法產生年輪，於是從新年
輪傳遞的應力繞過受傷的部分，呈紡錘形傳遞。因此，傷口兩側的應力最

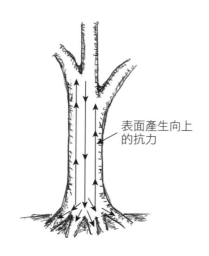

表面產生向上
的抗力

圖7.13　樹表面產生的向上應力和樹幹中心
產生的向下壓縮力

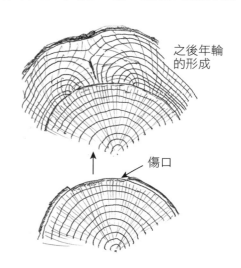

之後年輪
的形成

傷口

圖7.14　樹皮受傷時，形成層產生損傷
包覆材

大，而上下方應力較小。樹木在應力高的部分形成新的木材，可以修補力學的缺陷，在傷口的兩側旺盛地形成損傷包覆材，而上下方成長較少，尤其下方最少**（圖7.15）**。

　　腐朽從枯枝和樹皮傷口侵入，造成樹幹內部空洞化時，空洞兩側的力流集中，樹木在應力大的部分會快速進行肥大生長，使空洞兩側的壁加厚。空洞在中央時，樹幹呈紡錘狀膨大**（圖7.16，照片20）**。若空洞偏向一邊，則形成偏向的紡錘形，產生偏向膨大的樹型**（圖7.17）**。

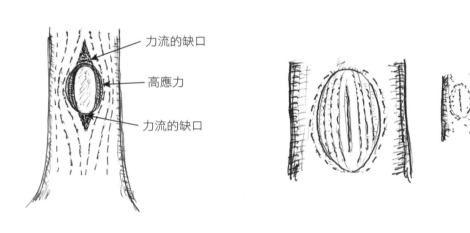

圖7.15　傷口上下產生力流的缺口與隨後形成的損傷包覆材

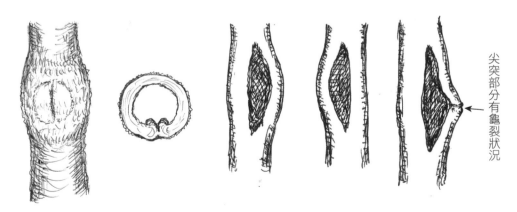

圖7.16　木材空洞化造成樹幹紡錘形肥大

圖7.17　空洞的偏向及外觀

尖突部分有龜裂狀況

（2）對應開口空洞產生的型態變化

樹幹斷面的外圍有壓縮力、拉張力、剪力等各種力的作用。樹幹產生開口狀的空洞時，造成支撐應力的位置產生局部缺陷，樹幹折斷的可能性非常高。於是樹木在開口的傷口處形成「窗框材」，防止挫曲、折斷。實際上，樹木進行強化的方法如**圖7.18**，沿著空洞兩側的力流方向形成半圓柱。由於斷面看起來很像捲曲羊角，因此Shigo博士將其命名為「羊角形材」（**照片21**）。窗框材非常的強韌，能夠適應壓縮、拉張兩種力，對腐朽也有很強的抵抗力。在德國進行空洞開口樹木的拉拔實驗時，窗框材發達的樹幹竟然比健全木材還晚被折斷。

但即使開口處的窗框材再堅固，開口反方向的木材壁變薄時，反方向形成挫曲的可能性變高。此外，如**圖7.19**所示，開口的角度過大就會在強烈挫曲時斷裂。從開口斷面來看，開口角度超過120度的樹具有較大危機。窗框材能夠承受高的拉張力、壓縮力和腐朽，也可以說是理想的木材。

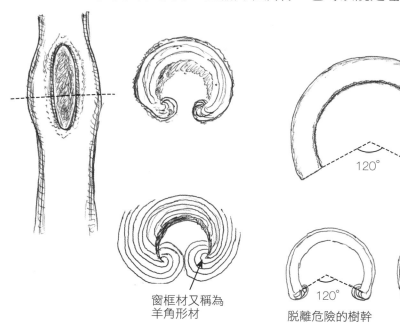

窗框材又稱為
羊角形材

120°
脫離危機的樹幹

120° 以上
危險的樹幹

圖7.18　在開口空洞兩側發達的窗框材　　　　**圖7.19**　開口過大的狀況

（3）對應龜裂的型態變化

木材龜裂時，龜裂的尖端部分會造成力流集中，使龜裂立刻延伸到樹皮，周圍的木材開始快速進行修復生長而呈現隆起狀。然而，龜裂被包覆後，馬上又再度龜裂而無法完全修補傷口，中心就會形成長條的溝紋隆起，中間會有樹皮夾皮的現象。最終，龜裂會以軸向往上下延續，像蛇狀裂開（**圖**7.20）。龜裂在橫向發生或是樹幹包覆了繩子等綑縛材之時，會形成竹節般的隆起（**圖**7.21）。產生螺旋型的龜裂時，隆起也是螺旋型的

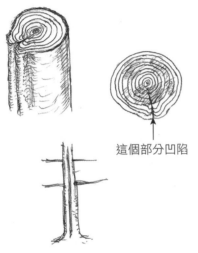

這個部分凹陷

圖7.20　樹幹軸向的龜裂和樹幹表面的蛇形隆起

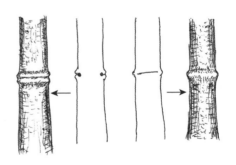

圖7.21　樹幹橫向龜裂及綑縛繩陷入造成的竹節狀隆起

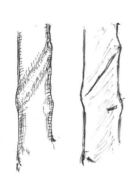

圖7.22　螺旋狀龜裂造成的螺旋狀隆起

沒有龜裂的那一側旺盛生長

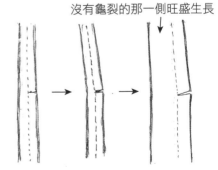

圖7.23　斷面的龜裂到達深處時，會造成反側的生長

（**圖**7.22）。斷面龜裂的深度若達樹幹一半，就不會形成向上包覆的修復生長，龜裂的反側會開始旺盛的肥大生長（**圖**7.23）。彎曲的樹幹及大枝的凸出部位容易受到彎曲拉張力使樹皮裂開，這種龜裂型態Mattheck博士稱為「香蕉型龜裂」（**圖**7.24）。香蕉型龜裂時，通常只有樹皮龜裂，木材不會龜裂。大部分會修復生長來修補傷口，但是龜裂如果深入到木材就很容易再次發生龜裂（**圖**7.25）。

枝條的側面形成裂唇般的龜裂（**圖**7.26），容易發生在彎曲生長的樹

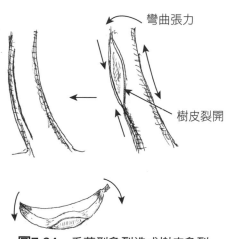

彎曲張力

樹皮裂開

圖7.24　香蕉型龜裂造成樹皮龜裂

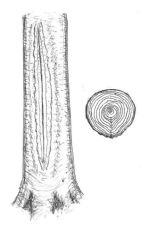

圖7.25　樹皮重複龜裂與肥大生長

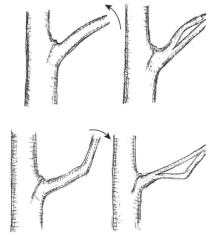

圖7.26　枝條側面的唇裂狀龜裂

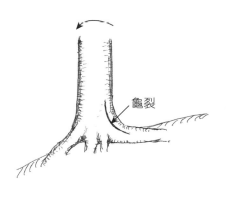

龜裂

圖7.27　根頭彎曲部的龜裂

枝上。彎曲生長的樹木受到突然的外力時側面龜裂，像唇裂開的形狀。相類似的龜裂在彎曲的樹幹下方側面也容易產生（**圖7.27**）。這個龜裂和樹幹軸方向的剪力龜裂不同，只在彎曲的部分，不會擴大，之後會被包覆生長。裂開的部分會變圓形，或是枝條分叉後再進行癒合的狀況。這種龜裂和**圖6.11**積雪造成的樹木是類似的。

（4）細小斷裂造成的型態變化

　　樹木受到瞬間的扭曲變形時，會造成木材纖維的細小斷裂。細小的斷裂通常是局部的，也有可能分布於樹幹全體。腰帶狀的肥大生長（**圖7.11**）是樹幹瞬間受到強力扭轉，造成一圈的纖維斷裂。常會在法國梧桐和美國鵝掌楸這些闊葉樹上看到，針葉樹卻少有。間隔狀塊狀的隆起（**圖7.12**），是由很重的積雪、強風或自體重量，造成樹木強烈彎曲而形成，這在針葉樹與闊葉樹上都可看到。

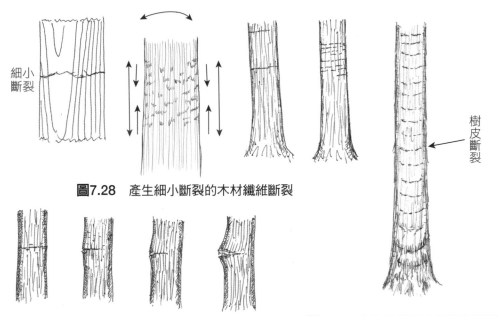

細小斷裂

樹皮斷裂

圖7.28　產生細小斷裂的木材纖維斷裂

圖7.29　杉木與檜木的樹皮斷裂

圖7.30　產生相當幅度的細小斷裂和造成的樹皮斷裂

林業跟木材產業對細小斷裂的狹義定義是，因颱風使樹木受到強烈彎曲、壓縮、扭轉等壓力，主要是軸向的假導管細胞和纖維細胞的細胞壁互相重壓，造成切斷、壓碎等脆性破壞，沿著木材的切線方向、橫斷面方向連續的木材劣化現象。木材的徑切面和弦切面如圖7.28所示，產生橫向細小的裂紋，橫斷面方向的切斷面造成面的剝離現象。細小裂紋在嚴重時會造成樹幹折斷，即使不斷裂也會造成橫向的腐朽，或樹脂結塊等木材劣化的現象。杉木和檜木的纖維質的木栓層，在軸方向伸長生長成重疊樹皮，若產生局部的細小裂紋，會像圖7.29集中在樹皮表面，造成橫向的直線切斷。如圖7.30，細小裂紋若有相當的橫寬幅，樹皮也會形成相當寬度的裂紋。由樹幹上部到根頭處全面遍及細小裂紋的型態，是受到積雪及強風造成樹全體強烈的彎曲、扭轉的現象。

（5）挫曲所造成的型態變化

　　持續腐朽的空洞化樹幹或樹幹壁較薄容易發生挫曲（圖7.31）。在薄

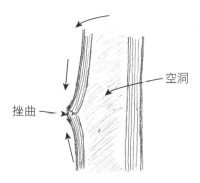

圖7.31　薄壁部分產生的挫曲

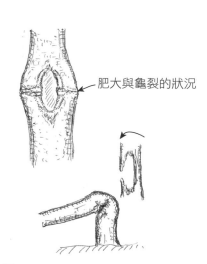

肥大與龜裂的狀況

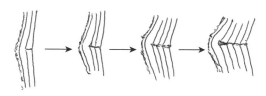

圖7.32　逐漸挫曲，造成局部肥大

圖7.33　空洞開口部分的挫曲破壞

壁的部分施加強大的壓力，纖維會變形而斷裂，產生局部的龜裂。由於反方向的纖維被直向拉扯，有時也會產生樹幹斷折的現象。細小裂紋是纖維組織和假導管微細的斷裂，很容易造成挫曲。若持續受到巨大的外力，可由外觀看到挫曲現象及橫向龜裂的發展。以這樣的狀態繼續發展，樹木挫曲的部位會快速生長，產生如圖**7.32**的肥大形狀。

　　樹幹開口空洞時，若開口側面的窗框材十分發達，幾乎不會產生挫曲。若窗框材不發達，則會產生挫曲破壞（**圖7.33**）。

4・扭轉與螺旋木理

　　樹幹和大枝若產生旋轉狀的隆起，木材部分也會成為旋轉狀的木紋。會在傾斜的樹幹或大枝、樹冠偏向等常單方向受風的樹木，或是受到旋轉荷重的樹幹或大枝上產生。於是在軸方向形成最大45度角的剪力應力（**圖**

樹木的小知識10　木材的硬度與強度

　　木材對於拉張、壓縮、彎曲、扭轉等外力有很強的抵抗力。其強度由構成木材的細胞壁所產生。木材細胞壁構成的成分，纖維素占45～50%，半纖維素占20～25%，木質素在針葉樹占25～30%，在闊葉樹占20～25%。纖維素的化學式是$(C_6H_{10}O_5)n$，是由葡萄糖脫水結合形成的長鏈，n是10000～15000的巨大分子。纖維素的纏繞結構形成纖維素微小纖維，也是細胞壁的骨架。半纖維素由木聚糖、聚半乳糖葡萄糖甘露糖、聚阿拉伯糖半乳糖、聚葡萄糖甘露糖等構成，是100～300的分子所形成的複雜化合物。微小纖維可以和木質素結合。木質素是具有很多環狀構造的複雜三次元多酚化合物，它具有接合作用，使細胞壁堅硬。

　　日本建築的土牆，是先在內部製作以竹子做成竹格的基本骨架，再用稻草、黏土、石灰塗抹。細胞壁的纖維素及微小纖維就像是竹格一樣，木質素則是黏土，半纖維素則如稻草，以及黏合細胞壁與細胞壁的果膠。

7.34）。受到應力後形成層產生反應，在應力較大的地方順著力流的方向形成木材。軸方向受到巨大剪力應力的部分，木材纖維的排列會形成45度角。

　　旋轉木理在樹皮剝落部分的樹幹組織型態可見，當旋轉木理遍及樹幹全體時，也可看見全體旋轉（**圖7.35**）。旋轉木理有幾個好處。例如，某個大枝條折斷時，如果沒有旋轉木理，受傷側的根系就會喪失糖分的供給而枯死。或是當粗大的根被切斷或枯萎時，受到根供給的相連側枝會全部枯萎，但由於旋轉木理的螺旋排列使得韌皮部也形成螺旋狀排列，水和糖都可以螺旋狀上升、下降，即使有一側的組織死亡，枝條也能夠保持平衡。另外，纖維全部朝同一方向旋轉時，旋轉方向受到較強的彎曲應力，也不會形成剪力龜裂，就像毛巾越扭越硬卻不會龜裂。然而，當樹受到逆方向的力就會產生龜裂。有時會在受傷處開始腐朽（**照片23**），造成樹體

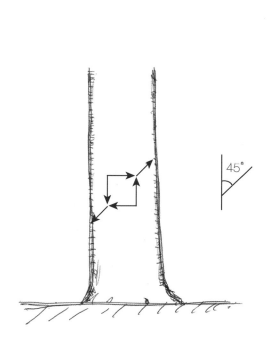

圖7.34　最大的角度發生在45度的剪力應力

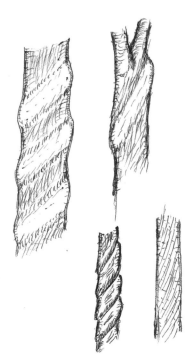

圖7.35　螺旋木理的樹型

龜裂形成

圖7.36　螺旋木理的大枝和反方向旋轉時產生樹幹的螺旋龜裂

病菌的入侵後枯萎（**圖7.36**）。受到高樓風影響的移植樹木，或是周遭樹木都被砍伐的林木，會突然受到非原風向的風力影響，產生逆方向的旋轉龜裂，造成病原體入侵樹幹而枯死的狀況。旋轉龜裂所產生的螺旋狀腐朽常在枝條中發生。

樹木的小知識11　木理

　　木理是樹木構成的木材纖維和年輪配置的走向，又稱為木目、肌理。樹木的軸向是平行紋理時，稱為通直木理；斜向的稱為斜走木理；旋回的稱為螺旋木理或旋回木理；交叉的稱為交錯木理；波浪狀的稱為波狀木理。具有裝飾性與美感的木理稱為裝飾木紋，常用來進行木材製造，有玉木紋、泡木紋、竹木紋、筍木紋等類型的裝飾木紋。木理受到遺傳性、力學適應、枝條周圍的迂迴型態、因病蟲害或修剪產生的回復生長，以及吞食物體的包覆成長等狀況產生，呈現其多樣性。若包含樹體局部的型態，所有的個體都會看到旋轉木理和交錯木理。木理的型態充分的展現樹木力學的適應狀態。

5·吞食物體的樹木

（1）吞食管狀物體的樹木

　　樹幹受到物體擠壓時會有吞食的現象，例如在樹幹上綁繩子或鐵絲、接觸到圍籬、長期使用支架、接觸到枝條或其他樹幹等狀況，常會發生吞食物體的現象。樹木吞食物體時，接觸部分的上側會比下側生長更加旺盛（**圖7.37**）。此時因為接觸的地方產生乙烯，且由韌皮部往下運送的葡萄糖會滯留在接觸部分的上方，乙烯、生長素與細胞分裂素造成的肥大成長較為快速。但仍不了解其詳細的狀況。這種吞食物體的現象，在薄皮樹種較為明顯，法國梧桐等樹木就比厚樹皮的麻櫟和枹櫟更加明顯。由於對接觸應力的感知不同，木栓層薄的樹種比厚樹皮的樹種更加敏感，就像是赤手和戴手套抓東西的不同。

　　樹木開始吞食物體時，年輪生長如**圖7.38**，會完全癒合，但也有無法完全癒合而將樹皮往內包覆的型態。針葉樹類不太會進行吞食生長，木材的癒合也不甚良好。舉例來說，如果用繩子綁住黑松（**圖7.39**），無法上下材都癒合而會產生內夾樹皮，造成樹木枯死折斷。

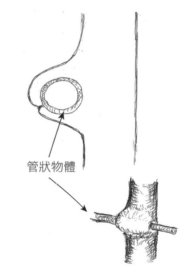

管狀物體

圖7.37　吞食物體後異常肥大

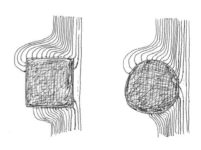

圖7.38　吞食物體時的年輪生長

（2）和蔓藤的戰鬥

樹木的樹幹被紫藤或南蛇藤纏繞時，和蔓藤接觸的部分開始產生局部的肥大生長，如**圖7.40**的隆起。這個現象以目的來看，是樹木將造成障礙的東西推出的行為，可能是接觸刺激後產生乙烯，以及生長素的滯留，造成快速生長。然而，樹幹被蔓藤纏繞後便難以將其擺脫，例如紫藤形成特殊的年輪（**圖7.41**），斷面呈扁平狀纏繞樹幹。被蔓藤壓迫的樹幹，其形成層壞死，而周遭的形成層快速細胞分裂，吞食蔓藤組織相互連結，

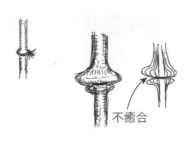

不癒合

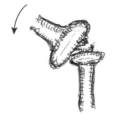

圖7.39 長期被繩子綑縛的黑松樹幹

最後形成**圖7.42**的螺旋狀隆起。在這個部分，軸方向的假導管、木質部纖維、導管的方向也呈螺旋狀，使樹幹的傳遞力流以螺旋旋回。和蔓藤接觸

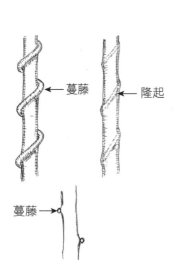

蔓藤　　　　隆起

蔓藤

圖7.40 接觸蔓藤部分隆起

圖7.41 纏繞樹幹時，紫藤異常的年輪生長

面被壓迫而死亡的樹皮會殘留，形成新的樹皮，而在此累積大量的抗病性物質，防止病原體的入侵。然而，樹木和蔓藤的戰鬥並非每戰必勝。樹勢衰弱時，壓迫部分無法大量蓄積抗菌性物質，就會產生幹枯病和腐朽。另外，針葉樹被蔓藤纏繞時，和闊葉樹的生長方式不同，被壓迫的地方會腐朽，若樹幹細長就會折斷。

（3）樹皮厚度造成吞食生長的不同

　　樹木和其他物體接觸時，會對對方進行吞食生長。當兩種不同樹皮的樹接觸，如**圖7.43**所示，樹皮薄的樹會吞食樹皮厚的樹。薄皮樹就像赤手，而厚皮樹像是戴手套，因此相較之下薄皮樹會更加敏感。樹木和其他物體接觸時，維管束的薄壁細胞會將情報傳遞到維管束形成層，使維管束形成層局部的快速生長吞食對方。

（4）栽植樹木的支柱吞食

　　長年在樹木上放置支架便會形成**圖7.44**的型態。樹木進行接觸反應吞

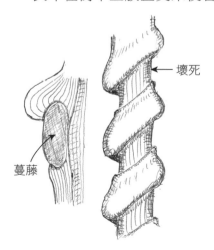

圖7.42　吞食南蛇藤蔓藤的樹幹

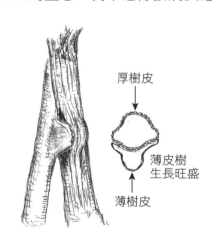

圖7.43　左側薄皮的樹吞食右側厚皮樹

食支架，使被支架固定的樹幹下部不搖晃，無法肥大成長，而會搖晃的上部快速生長。此外，樹木被綁的位置，形成層和韌皮部被壓迫壞死，造成由韌皮部向下輸送的糖及光合作用產物無法順利運輸，蓄積在綁縛處的上方。這兩個原因使樹幹上方異常肥大生長。這種樹型的根系也不太發達，而且綁縛處成為支點，受到強風時會從綁縛的位置折斷（**照片24**）。

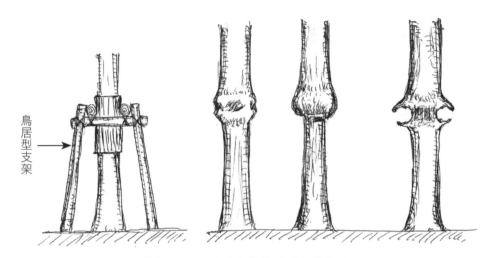

鳥居型支架

圖7.44　吞食支架綑綁處的異常肥大

樹木的小知識12　木質部液體的上升和韌皮部液體的下降

　　樹木從尚未木栓化的細根吸收水分、氮肥、微量元素，基本上吸收力來自於葉面的蒸散力，蒸散旺盛時細根的木質部因負壓而開始吸收水分。然而當夜間氣孔關閉或早春開葉前，沒有蒸散力的作用，因此這段期間是由細胞膜的滲透膜作用產生滲透壓，以及假導管與導管的毛細現象來進行水分吸收。但是滲透壓無法吸收硝酸態氮肥和微量元素，這些無機養分的吸收需要蒸散力和內皮細胞膜的吸力。必須有木質部的水分上升，才能讓含有光合作用產物的水分由韌皮部向下傳遞。木質部輸送大量的水分向葉子移動，造成細根很大的吸引力，如上述，由土壤吸收水分的吸力，以及韌皮部的水分成為細根的吸引原動力。韌皮部的醣類、蛋白質、生長素等物質的移動產生濃度差異，細胞的膨壓造成推力，產生很大的作用。

6 · 接觸與癒合

（1）枝和根的接觸與癒合

枝條接觸時，同個體的枝條會癒合成三角或四角形**（圖7.45）**，這種癒合型態常會在根系看到。

癒合型態如**圖7.46**，最初互相接觸擠壓，接觸的部分旺盛生長隆起，若無法推開對方就開始進行吞食。當雙方都進行吞食時，接觸面會慢慢擴大，互相吞食生長的尖端部，雙方的形成層角度成為180度，無法形成外樹皮，組織因而癒合。如果是不同棵相同樹種的樹也會癒合。樹種不同時，就會形成吞食生長，癒合的現象只在相近的樹種才會發生。

如**圖7.47**，枝條和別的枝條接觸癒合時，活力高的枝條順利生長，活力弱的會逐漸衰退枯萎。枝條癒合成三角形時，三角的部分不會搖晃，肥大生長遲緩，而上面區域搖晃會進行肥大生長。

樹木的樹幹接觸吞食其他樹木的枝條時**（圖7.48）**，相同樹種會癒

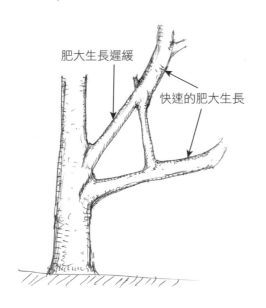

肥大生長遲緩

快速的肥大生長

圖7.45　樹枝癒合成三角形的框

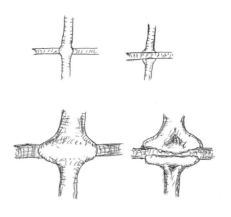

圖7.46　接觸部分的生長

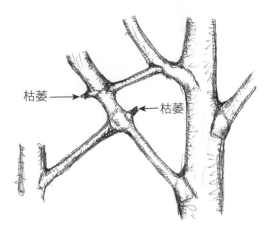

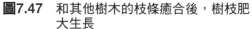

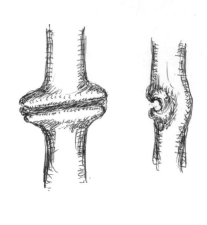

圖7.47　和其他樹木的枝條癒合後，樹枝肥　圖7.48　吞食接觸到的樹枝，被吞食的
　　　　大生長　　　　　　　　　　　　　　　　　　樹枝腐朽後的樹幹

合。此時被吞食的樹枝尖端常會枯萎，因為和樹枝木質部連通向上運輸的水跑進樹幹，水無法抵達枝條尖端而枯萎。

（2）合體樹

　　同種的樹木靠近生長，樹木的組織會互相癒合形成合體樹。在森林裡常見到獨立個體的樹根相癒合（**圖7.49**），或是在古老神社的巨木有樹幹癒合成為合體樹（**圖7.50**）。日本屋久島的繩文杉也是三棵樹的合體。若

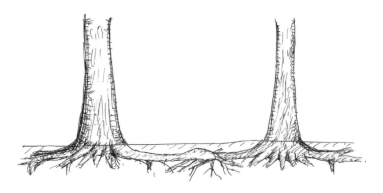

圖7.49　相鄰的樹木根系癒合的例子

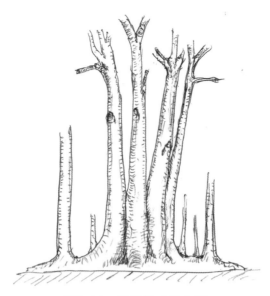

圖7.50 櫱枝造成的合體

發生這種狀況，遺傳因子應該是相同的，也有可能是同一棵樹長出三個樹幹。通常看到合體樹時，很難去分辨究竟是多個潛伏芽枝形成的樹幹，還是不同個體的合體。不同個體形成合體樹時，樹勢強的樹會越長越大，樹勢弱的樹，生長會被抑制，因為弱的樹從根吸收不到養分與水分，而且弱的樹產生的光合作用產物跑到成長旺盛的樹根。

　　兩棵相同樹種的喬木尤加利苗，相距數公尺進行種植，起初兩棵樹都生長良好，但會突然從某天開始產生生長差異，樹的粗細與高矮都有顯著的不同。這是因為兩棵樹的根系相接觸，有一棵吸收較多的養水分，得到較多的光合作用產物。

　　不同的樹種接觸生長合體時，其中一棵的樹幹會吞食對方並將之絞殺，或是肥大生長造成擠壓讓被壓的部分傾斜，受壓的樹皮壞死腐朽，最後樹木枯死傾倒。

7・絞殺的根

　　行道樹的根頭常會形成如**圖7.51**的現象。這是因為樹的根系生長在很狹窄的地方，像纏著自己的脖子一樣纏根生長，根頭肥大生長後根系生長，有時候會像切斷根頭一樣的纏繞自己，這種型態的根稱為自我絞殺根系。森林裡面也會看到這樣的根，但並不多。自我絞殺的根會陷入自己的根頭，壓迫部分的樹皮死亡，如果樹皮死亡的部分有蓄積抗菌性物質，一般腐朽菌不會入侵。此外，也有些和周遭的組織完全癒合的狀況。然而，如果被吞食或壞死的部分受傷，病原體就會入侵，造成根頭腐爛。因為土壤硬化而使淺層的水平根系肥大生長變粗時（**圖7.52**），只有肥大的部分會冒出土表。這種水平生長的根系，從根頭放射方向伸出生長時也長出側根，但側根也無法深入地下生長，必然會互相碰撞，有時會從其他根系上方越過，有時則會癒合。在土壤表面硬化固結的地方生長的樹木，根系會在各處相互癒合，形成根的網狀。

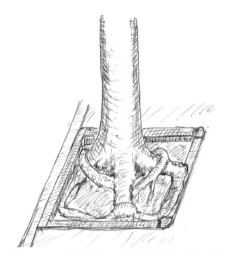

圖7.51　公園樹木和行道樹常有絞殺根

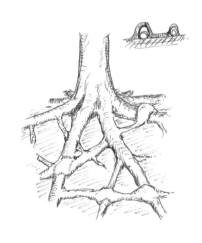

圖7.52　在硬化土壤生長的淺根系

8 · 薪柴林樹木的根頭肥大

在1950年代之前，都市的近郊有很多薪柴生產林和雜木林，現今大部分都開發成住宅跟工廠，因此已十分少見。在這些殘留的雜木林中，長年放置的薪炭用樹木長得很大，有許多都變成多主幹樹木，而且根頭膨大。在根頭附近被砍斷採伐的地方長出潛伏芽形成新的樹幹（**圖7.53**），切斷部分的形成層內側的木材腐朽空洞，新長出的年輪支持著新長的潛伏芽枝。被切斷時，葉子的光合作用產物供給完全停止，樹木由根株儲存的糖和澱粉讓潛伏芽枝生長。在潛伏芽枝得到足夠的光合作用能力前，都是在消耗儲存於根頭的澱粉物質。因此，採伐時根系的尖端由於產生的能量不足會壞死，根頭附近長出少量的側根。此外，地上部的採伐也會造成根系腐爛（**圖7.54**）。殘存的樹幹與根頭兩方的腐朽遲早會相連，在切斷後新形成的潛伏芽枝可提供光合作用產物之後，根系又會進行肥大生長，儲存的糖分逐漸增多。

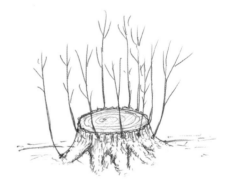

圖7.53　切斷樹幹上的潛伏芽長成的蘗枝

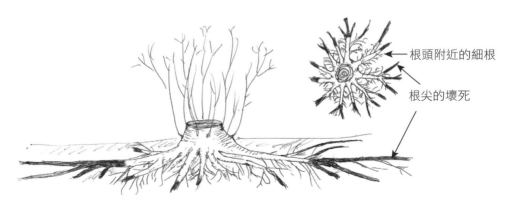

根頭附近的細根

根尖的壞死

圖7.54　切斷樹幹使根系尖端腐朽

日本江戶時代大量培育的薪炭林，各地採伐的間隔不同，大約為15～25年間進行採伐。樹齡約100年左右時，長出潛伏芽枝的能力下降，就重新改種成農地。長出潛伏芽枝的能力之所以會在100年左右下降的原因是，地上部多次的採伐造成根株腐朽（**圖7.55**），根株儲存的能量下降使得潛伏芽的活性也因而下降，或是樹皮變厚之後潛伏芽難以突破。

麻櫟與枹櫟的雜木林，常會見到樹幹在約1公尺高的位置樹體膨大（**圖7.56**），樹皮也很粗糙。這是因為以前的孩童為了搜集獨角仙而傷害到樹皮，使樹液流出造成腐朽，樹木阻塞受傷的樹皮，為了修復缺陷而進行的肥大生長。此外，有些是和天牛和木蠹蛾的幼蟲穿孔造成。

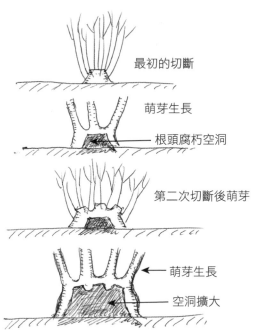

最初的切斷

萌芽生長

根頭腐朽空洞

第二次切斷後萌芽

萌芽生長

空洞擴大

圖7.55 重複採伐薪炭造成根株腐朽

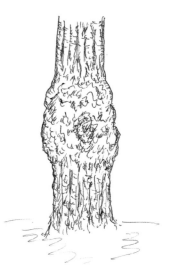

圖7.56 麻櫟與枹櫟樹幹下部歪斜的紡錘形肥大

第**8**章 樹木的 防禦反應

1・對於病害與蟲害的防禦反應

　　樹木的葉片感染病原體時，感染部位的周圍細胞壞死，之後便會蓄積酚類化合物等抗菌性物質，有時細胞壁會木栓化。透過這些方法來封住侵入活細胞吸收醣類的菌，使它不能繼續入侵（**圖8.1**）。這種型態的細胞死亡稱為「過敏感細胞死亡」。過敏感細胞死亡是細胞組織自我死亡以防止病原體入侵的方法，是一種計劃性的細胞死亡。此外，樹木會產生乙烯、水楊酸與茉莉酸，將樹木葉片受傷的情報傳送至樹體全身。因此，樹體在受傷前就會備妥抗菌性物質（傷害前物質），並在受傷後增加抗菌性物質（傷害後物質）、將某些物質轉變成抗菌性物質或是產生新的抗菌性物質。樹木由此提高其抵抗力。產生防禦反應的樹木也會利用乙烯、水楊酸甲基等物質向周遭的樹木發出情報。

防禦物質
的蓄積

細胞壁的
木栓化

圖8.1　受傷葉子的過敏感反應，以及受傷部分最前端的細胞木栓化

2 · 長頸鹿與金合歡的關係

　　非洲薩赫爾地區的熱帶草原，疏林相當發達。這些熱帶草原地區生長的樹木大多為有刺的金合歡類。長頸鹿會食用金合歡的枝葉與上頭的刺（**圖8.2**），但有時吃到一半會突然停止，移動到其他較遠的樹木。這是因為樹木對於長頸鹿的侵食會產生乙烯與水楊酸甲基，因而累積內樹皮和葉片中的多酚抗菌物質，使樹葉變苦。乙烯是氣體，而水楊酸甲基具有揮發性，會向周圍的樹木傳遞信號，讓周遭的樹都變苦。長頸鹿的體內具有解毒的酵素，因此少量的毒性無法嚇阻牠們。為此，金合歡類的蜜腺會分泌蜜，招喚攻擊性強的螞蟻。長頸鹿在這個階段就會停止食用，移動至更遠、沒有這個情報的樹林。這是讓區域性的金合歡不會全部被長頸鹿吃掉而滅絕的自然奧秘。這種現象也常會發生在樹木被蟲吃的時候。

　　但是，金合歡的種子很硬。種子若要在自然界發芽，就需經過長頸鹿體內消化。因此，長頸鹿和金合歡是共生的關係。在長頸鹿的糞中混合的種子是帶有肥料的種子，能夠發芽。

　　水楊酸甲基近年被認為是植物荷爾蒙「水楊酸」的前驅體，不同植物的分泌量不同。例如，櫻華的枝條折斷會產生特殊的味道，這就是「水楊酸甲基」。

圖8.2　喜歡吃金合歡的長頸鹿

3 · 正常樹脂道與傷害樹脂道

　　活的松樹受傷的傷口會流出樹脂，但檜木受傷卻不會流出。然而，檜木受傷時會散發出強烈香味，這個香味是檜木中樹脂細胞所散發的萜類物質，這不像樹脂會立刻流出，因為樹脂細胞散佈於木材中且其揮發性很強。相對的，松樹的木材中具有樹脂道，受傷後就會流出樹脂，埋住傷口。樹脂道如**圖8.3**所示，樹脂細胞與上皮細胞環狀排列，中間有很大的細胞間隙。在生長過程木材形成的樹脂道稱為「正常樹脂道」，受傷時形成的稱為「傷害樹脂道」。具有正常樹脂道的幾乎只有松科的樹木，但同樣是松科的冷衫類就沒有正常樹脂道，而傷害樹脂道在所有的松科植物都有，紅杉與水杉也有。正常樹脂道是分散的，而傷害樹脂道則是連續形成的。

　　觀察正常樹脂道和傷害樹脂道的樹皮，松樹年輕枝條的一次韌皮部具有正常樹脂道。但是維管束形成層所長出的二次韌皮部就沒有正常樹脂道，因為最初樹皮的肥大生長受到破壞，樹皮的正常樹脂道因而消失。當樹皮受傷時，形成新的韌皮部組織，韌皮部薄壁細胞就會形成傷害樹脂道。杉木的木材沒有正常樹脂道和傷害樹脂道，但在樹皮偶爾會看到傷害

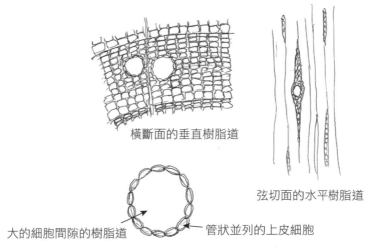

橫斷面的垂直樹脂道

弦切面的水平樹脂道

大的細胞間隙的樹脂道　　　　管狀並列的上皮細胞

圖8.3　垂直樹脂道和水平樹脂道的斷面

樹脂道。強風過後一周，就會在杉樹林的樹皮表面看到紅色的樹脂。這是因為樹木強力彎曲使韌皮部受傷，韌皮部薄壁細胞因此形成傷害樹脂道。此外，針葉樹的葉子有樹脂道，松樹的葉子特別多，紅豆杉的葉子則沒有樹脂道。

　　闊葉樹不太形成樹脂道，而櫻花的樹皮偶爾會形成樹脂道。觀察櫻花修枝過後一至兩週的切口，剛開始看到是透明的，接著轉為茶色的樹脂從樹皮和木材間流出。

　　杉木和檜木的木材雖然沒有樹脂道，但木材中會蓄積樹脂，稱為樹脂壺或樹脂條。這是在細小斷裂或龜裂周邊的樹脂細胞所分泌的樹脂長時間累積而成。木材中具有樹脂道的松科樹木，其樹脂壺很大。

4·傷害周皮

　　若在薄皮樹木的樹幹上用釘子寫字，木栓會以同樣的形狀隆起，這是因為傷害了周皮。傷害周皮的形成是樹木防禦反應的一種，比健全的部分產生更多的木栓層。一旦形成傷害周皮，這個部分就會形成連續的周皮。

因此，雖然被釘子傷害部分的木栓（圖8.4）容易脫落，但是它會快速的再生，就會持續的留著痕跡。櫻花的樹幹被透翅蛾吃的部分，樹皮會變厚，也是因為受傷的部分形成傷害周皮。

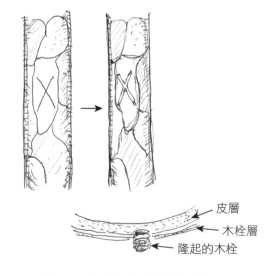

皮層
木栓層
隆起的木栓

圖8.4　傷害周皮形成使傷痕隆起

5・樹枝的防禦層

在苗木時期生長的樹枝，隨著樹木長大，幾乎都脫落了（**圖8.5**）。此外，在樹冠生長的同時，受日照遮蔽與其附近區域，枝條也會枯萎脫落。樹木生長的過程中會脫落無數的枝條。除了風雪以外，腐朽菌造成的腐朽也會使枝條脫落。枝條由於某些原因枯萎折斷，腐朽菌隨後入侵，使細胞壁受到破壞，造成物理性強度降低，受風吹就會脫落。腐朽菌能夠幫助樹木去除不需要的枝條，從這個角度來看，樹木和腐朽菌是共生關係。但如果腐朽菌入侵至樹幹或大枝，侵犯細胞壁，就可能造成樹木倒伏。於是，樹木在枝條受傷或枯萎時，為了防止腐朽菌入侵至樹幹，形成了巧妙的防禦層。

枝條無法從其他的枝條得到糖等光合作用產物，必須要由枝條自己製造。當枝條無法充分光合作用，消費量就會大於生產量，造成枝條枯萎。枯萎，其實是避免樹木陷入「赤字經營」的一種方法。枝條在枯萎的各種階段，如前**圖3.9**所示，在幹領與枝條的交界處，送水給枝條的導管細胞與假導管細胞，以及力學上支撐樹體的纖維細胞接近的薄壁細胞作用後產生充填體現象，蓄積膠狀物質，薄壁細胞的木質素增加與木栓化，造成水分通導機能閉塞，枝條無法供給水分（**圖8.6**）。在枝條枯萎階段產生閉塞現象的同一位置上，闊葉樹產生多酚物質，針葉樹產生萜類的物質，形成防禦組織。防禦層並不只有一層，在脆弱的枝條也會產生。樹皮有幹枯

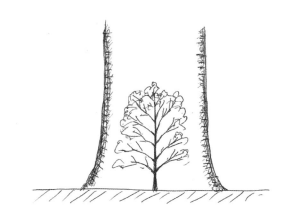

圖8.5 長大的樹苗在苗木時代的枝條幾乎都脫落了

症狀、材質變色、腐朽等狀況的脆弱枝條也會形成防禦層，通常病原體會被防禦層所阻斷，無法繼續入侵。

枯萎的枝條無法再形成枝領，只剩樹幹形成層形成的幹領繼續生長，環枝組織的肥大生長因而停止。由於枝條的生長已經完全停止，環枝組織與枯萎的樹枝會形成明顯的交界。這個交界是枝條衰弱時產生的，或枝條雖然健全但樹幹快速生長的時候也會產生。幹領的先端會逐漸包覆枯萎枝條（圖8.7），當樹枝腐朽而落下後，幹領就會向內側捲曲成長。

即使枝條沒有衰退或枯萎，每年在生長過程中，環枝組織部分的薄壁細胞會分泌多酚等物質，並蓄積成強力的防禦層。因此，在枝條枯萎後腐朽入侵時，即使幹領先端附近形成的防禦層被腐朽菌入侵，通常也只會在枝條範圍內腐朽，不會入侵到樹幹的組織（圖8.8）。有時腐朽會入侵到樹幹，通常也只會到支領與幹領交錯的部分為止，往其他部分的腐朽大多會被完全阻擋（圖8.9）。

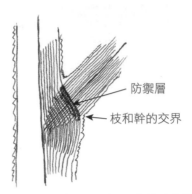

圖8.6 幹領和枝條的交界形成的防禦層

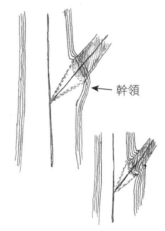

圖8.7 包覆枯枝成長的幹領

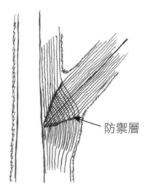

圖8.8 枝條在形成的過程，包圍生長的幹領形成的防禦層

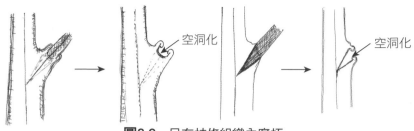

圖8.9　只有枝條組織內腐朽

6・樹幹的防禦層

（1）防禦層形成

　　樹枝的防禦層弱化或樹幹受傷時，就會有各種菌入侵到樹幹內。在菌擴大的過程中，樹木會產生以下的防禦反應。

　　當樹皮受傷，腐朽菌入侵到木質部時，菌絲最初會先入侵到幾乎呈空洞狀態的導管與假導管中，並快速的伸長。樹木為了阻止其擴散，靠近導管與假導管的薄壁細胞，會在菌絲入侵的最尖端部分滲出樹脂與膠狀物質，形成充填體現象使導管閉塞。隨後，導管與假導管的細胞壁沉積木質素、木栓質、多酚等物質，使菌無法繼續入侵（**圖8.10**）。

　　對於腐朽菌向樹幹內部的入侵，各年輪在晚材的部分形成防禦層（**圖8.11**）。晚材細胞的細胞壁比早材細胞的更厚，蓄積更多的木質素與抗增殖蛋白，對於腐朽菌有很大的抵抗性。此外，晚材部分的薄壁細胞會產生受傷前防禦物質、受傷後防禦物質以及植物抗毒素，產生防禦反應。

　　抵抗腐朽菌橫向入侵的主要是放射薄壁細胞所形成的防禦層。放射組織皆由薄壁細

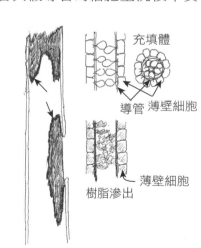

充填體

導管　薄壁細胞

樹脂滲出

薄壁細胞

導管與假導管閉塞

圖8.10　對應軸方向病菌入侵的防禦反應

胞所構成，對於腐朽菌的入侵有敏感的反應，會輸送防禦物質到相鄰的導管與假導管中。

　　樹幹中最強的防禦層，在樹皮受到傷害之時，由維管束形成層在樹幹全體產生。樹皮受傷的情報傳遞到形成層，鄰接形成層的木質部薄壁細胞開始產生反應，沉積木質素、多酚類、類黃酮等物質，形成強力的防禦層（圖8.12）。侵入木質部的腐朽菌在體外分泌消化酶，逐漸溶解木材而

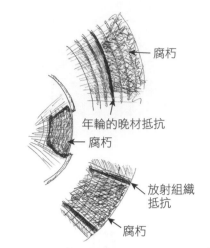

圖8.11　對應放射方向及切線方向病菌入侵的防禦反應

造成腐朽，但會被前述的防禦層阻止其擴大。無法突破防禦層的腐朽菌會吃掉可達範圍的木材，若無食源就會衰退。之後當木材疏鬆化，螞蟻就會吃掉隨之入侵的雜菌。所謂木材的空洞，是腐朽菌被防禦層包覆後，吃完防禦層內側的木材所形成的現象。

　　對應病原體軸向的入侵，會由導管與假導管閉塞形成防禦層；對應往樹幹內部入侵的腐朽由年輪晚材形成防禦層；對應往樹幹左右的入侵會由放射組織形成防禦層，這些都是對應病原體的局部反應，並不是很強力。這些防禦層很弱，如果無法阻止腐朽菌擴大時，通常受傷位置的維管束形成層會形成強力的防禦層，受傷後形成的年輪也會防止腐朽菌的入侵。如果最終木

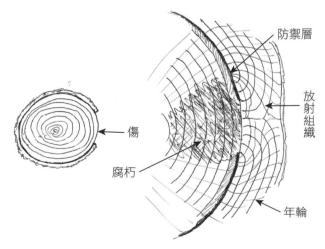

圖8.12　受傷時的形成層位置產生防禦層

質部能夠維持最低線的運輸機能，樹就能繼續存活。若腐朽菌以軸向或放射方向擴大，這些組織的抵抗反應也必須經過10年、20年以上，於是新的形成層產生新的厚木材，樹木就可以繼續站立存活。然而，形成層位置的防禦反應是全身性的，防禦層形成後不單是菌無法往外移動，水、氮肥、微量元素等代謝物質也不能向外移動，於是樹木受傷時形成層位置以內所蓄積的澱粉等物質都無法再使用。此外，需要使用數年以上的年輪進行水分運輸的樹種，防禦層形成以後，除了新形成的年輪之外都不能夠運輸水分。另外，如果樹木受到很大傷害，無法順利產生新的年輪時，樹木也會枯死。

（2）花紋木材

　　杉木、檜木的樹幹斷面有時會如**圖8.13**，呈現褐色至黑褐色的星星狀變色現象。這是打枝的時候造成的傷害，或是樹皮受外傷，而使變色菌入侵慢慢擴大，形成星形或花瓣形的偽心材狀態，稱為「花紋木材」（**照片18**）。星狀凸起的外側有部分沒有變色的木材，是由於樹木的防禦反應，在受傷的防禦層外形成新的木材。新形成的木材變色菌無法入侵。

圖8.13　花紋木材

7 · 幹枯症狀

（1）日燒現象

樹木沿著樹幹形成溝狀腐朽的現象（圖8.14），常會在森林與公園裡見到，特別是行道樹也常會發生。綠化界將這個現象稱為皮燒病或日燒病。樹木是由葉子行光合作用與蒸散使水分上升。水防止了夏天酷熱的西曬造成樹皮死亡，因為樹幹裡維管束形成層及韌皮部的水分有冷卻效果。通常樹幹中水分上升的速度，會因部位、樹木的活力狀態、天候狀況、土壤狀態而不同。健康的樹木在夏日晴天時，最慢可移動10公分，最快可移動數公尺。但是經過移植或過度修剪、斷根，造成葉片蒸散量明顯減少，樹幹水分移動的速度就會明顯地變慢，一小時在數公分以下。此時，當薄樹皮的樹種受到強日照射，韌皮部及維管束形成層溫度變高，在持續炎日的狀況下就會造成細胞壞死，產生皮燒現象。換句話說，日燒現象的主要原因是樹木最外側年輪中向上運輸的水無法進行冷卻效應。

日燒現象還有另一個原因。當樹木枝幹被修剪後，產生的光合作用產物不足，無法供應枝條下方使用，營養不良而

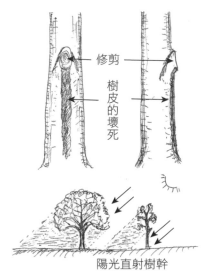

圖8.14　日燒現象

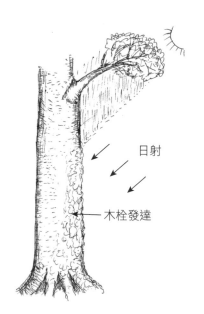

圖8.15　西曬照射的部分和反方向的樹皮明顯不同

喪失對病原體的抵抗力，因此幹腐性病菌入侵枝條下方便呈現溝狀壞死，若腐朽菌再次入侵，就會形成溝腐現象。以上兩種原因都有關聯，兩個原因加成就會形成更嚴重的溝腐病。假設樹勢健康，沒有修剪的傷口且葉量充足，當強烈的太陽照射樹幹時，樹木的周皮細胞分裂活潑，會快速的產生木栓層。木栓化的樹皮會呈塊狀的剝離，喪失平滑性，於是接著產生的木栓層會使韌皮部及維管束不受到太陽日射的影響。櫸木等樹木未受到太陽照射的部分會變粗，保持樹皮光滑的狀態，直射太陽的部分木栓層旺盛生長，在肥大生長的同時，木栓層呈魚鱗狀脫落，頻繁的進行樹皮的替換（**圖8.15**）。因此，受太陽直射西曬的部分和相反側的樹皮有明顯的不同。

（2）多年性癌腫

櫻花類、合花楸、麻櫟、毛泡桐等闊葉樹的樹幹，常常如**圖8.16**所示，呈現如箭靶形狀的異常型態。這是菌類所造成的幹腐病病害，病原菌多半是絲狀菌的子囊菌類，或是其不完全世代，病原菌並不特定。這些樹皮壞死的原因如下。

樹皮受傷時，病原菌的胞子就會附著發芽，菌絲生長並殺害周圍樹皮的薄壁細胞，慢慢擴大成圓形。春天到秋天的成長期，樹木發揮對病原體強烈的抵抗反應，抑制了菌的生長，但進入冬天的休眠期後，樹木的抵抗反應也跟著進入休眠，病巢逐漸擴大。隔年春天時抵抗力增加，又抑制了菌的生長，形成層在薄的位置進行年輪生長，形成損傷包覆材。但是晚秋到冬天病巢又擴大，每年重複，就形成箭靶的形狀以及年輪一層一層的型態。樹皮包覆的時候不太容易發現，但當樹皮壞死脫落時就很明顯。

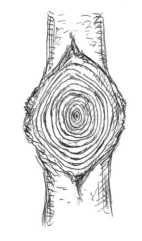

圖8.16 典型的多年性癌腫現象

8‧樹皮脫落部分的木材，其薄壁細胞形成新的樹皮

　　在改建工程的住宅區綠地生長的櫻花，常被機械撞破樹皮（**圖8.17**），傷口中心形成新的樹皮，但這並非由傷口周圍的形成層形成。通常樹木的木質部薄壁細胞在有樹皮時會被細胞所包覆，無法進行細胞分裂。但是當樹皮被撞破或樹皮脫落時，抑制細胞分裂的物理力量消失，最外層的木質部放射組織的薄壁細胞再度細胞分裂，由「第三次形成層」形成樹皮。Shigo博士也曾提出相同的現象。然而，這個現象並不常見，因為樹皮脫落後，最外部的木質部薄壁細胞也會乾燥死亡。但是在根部，常會有在環狀剝皮（後述）的部分形成樹皮。另外，進行空中壓條而剝皮的樹枝也有很多形成島狀的形成層的案例，有些是剝皮不完全而殘存的形成層，但也有完全剝皮而形成形成層的現象。因此，樹幹下部的樹皮剝離後，用保鮮膜綑縛保溼，木質部的薄壁細胞也有可能生長出樹皮。

形成新的島狀樹皮

圖8.17　樹皮剝落部分由木質部薄壁細胞形成新的樹皮

9 · 少了一圈的樹皮還能存活的樹

有些人對於討厭的大樹會利用環狀剝皮使其枯萎（**圖8.18**）。當樹被剝了一層樹皮時，韌皮部往下輸送的糖分無法到達根部，且木質部露出的部分會使氣泡進入新的年輪，停止水分的運輸，因此樹木遲早會枯死。稀奇的是，也有不枯死而繼續健康生存的樹木。這是因為最外層的年輪運輸機能雖然停止，但是樹木還有數年的年輪具有通導的機能。可能是因為最外層的年輪非常緻密，因此氣泡不會進入年輪的導管中。公園中的樹木，樹皮常會被除草機傷害，也會造成腐朽的病害入侵使樹木死亡，類似環狀剝皮的枯死現象。但也有不會枯死的樹木，也是相同的原因，也有可能是木材內腐朽的部位新長出不定根到達地面，吸收水分。

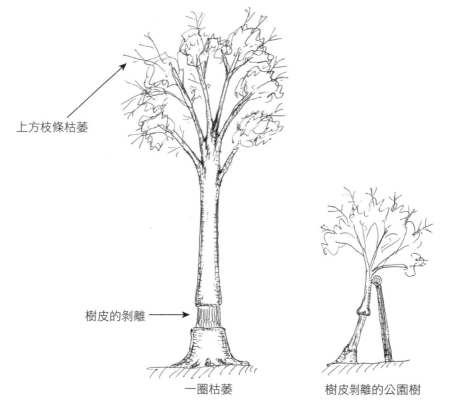

上方枝條枯萎

樹皮的剝離

一圈枯萎

樹皮剝離的公園樹

圖8.18 一周剝皮後繼續生存的樹木

10 · 天狗巢病與腫瘤

　　樹木有時候會發生天狗巢病。菌類、菌植體、細菌、病毒、線蟲、蟎類等都是造成天狗巢病的原因，症狀都很相似，會叢生許多分枝，葉小而枝細。罹病的枝條壽命變短，大約在十年以內。最常看到的是染井吉野櫻的天狗巢病（**圖8.19**），是由酵母狀的子囊菌類的感染所引起的疾病。得病後，會異常產生細胞分裂素，枝條叢生而葉片變小，難以開花。細胞分裂素的濃度異常是其他天狗巢病的共通現象，大部分的植物都會有多芽病這種異常發芽的疾病，這個疾病也是細胞分裂素濃度異常所引起的。天狗巢病也是多芽病的一種。

　　腫瘤也是大部分樹種會看見的疾病，由細菌、菌類、昆蟲、線蟲等造成，也有很多原因不明。其共同的現象是細胞局部的異常增生，這個病與病原體造成生長素及細胞分裂素雙方的濃度異常相關。近年來，常有染井吉野等櫻花的枝條形成如**圖8.20**的腫瘤。這個疾病的病原體是綠膿桿菌類的細菌，這些菌類會產生類似的腫瘤。此外，也有樹瘤變得非常大的狀況，如東京練馬區白山神社的大欅木，其巨大的樹瘤便是被指定為天然紀念物的原因，其病原體仍不明。

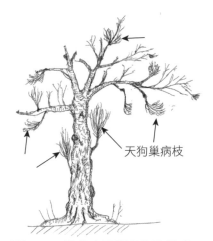

圖8.19 染井吉野櫻的天狗巢病

天狗巢病枝

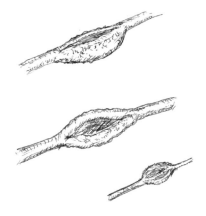

圖8.20 櫻花枝條的紡錘形腫瘤病

11 · 根頭的夾皮與根腐菌的子實體

樹幹的枝叉角度很小時，樹木會形成夾皮型態。夾皮形成後樹幹和樹枝之間沒有橫向拉力，形成**圖8.21**的型態，夾皮在根頭也會發生。根頭附近和樹幹相連的根會二次肥大生長，不相連的部分幾乎不會生長，如**圖8.22**，樹皮會被埋入樹幹。在這樣的夾皮上常會看到一種根腐菌的子實體（**圖8.23**）。這種根腐菌是闊葉樹經由土壤傳染的，子實體必須在地上部形成，讓胞子飛散。根腐菌會由根頭的傷口入侵，使木材腐朽並成長，而遺傳因子不同系統的菌絲接觸後就會交換遺傳因子，形成子實體擴散胞子。此時，菌絲感知到氧氣，朝氧氣

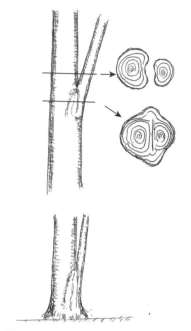

圖8.21 樹幹與樹枝的分叉的夾皮

的方向生長，在樹幹外形成子實體。夾皮的部分和外部的氣體連接，氧氣充分，於是真菌的菌絲向這個部分生長，在外面形成子實體。

圖8.22 根頭的夾皮

子實體排列

圖8.23　樹頭夾皮的部分產生根腐菌的子實體

　　阻抗儀是檢查樹幹內部腐朽的儀器。這個儀器會在旋轉時將細小的錐體插入樹幹，樹幹的抵抗應力狀態會顯示在儀器上。阻抗儀常用來進行樹木的危險度診斷，然而，調查這些樹幹所鑽取的位置也會產生樹幹心材腐朽菌的子實體。也就是說，錐體所開的洞，一方面造成樹幹的腐朽，一方面也成為子實體生長的路徑，因為鑽取的孔洞帶來氧氣。

 樹木的小知識13　天狗巢病

　　日文稱為天狗巢病，英語稱為魔女的掃把（witch's broom）。罹患天狗巢病的植物很多，病原菌也十分多樣。竹子是麥角菌的一種；羅漢柏、冷杉是銹病；樺木類、櫻花類是外囊菌；毛泡桐、棗類是菌植體；杜鵑花是真菌；錐栗類、齒葉冬青是蟎類。染井吉野櫻很容易得到天狗巢病，而另一種江戶彼岸櫻卻不會得到，山櫻有時也會看見，多半是和染井吉野櫻種在一起。此外，豆櫻有時候也看得到。

12 · 行道樹為什麼倒向道路方向？

　　行道樹被吹倒時會壓壞車輛，有時甚至會造成死傷，而大部分的行道樹倒伏時幾乎都向著道路。一般道路的構造如**圖8.24**，常將行道樹種在步道與車道之間。植穴都是單獨植穴或是帶狀植穴，空間相當狹小。對於兩側建築林立的行道樹而言，天空的散射光來自於正上方及車道，建物及人行道方向沒有光線，步道方向也沒有枝條可生長的空間。與道路平行的方向，由於受到其他樹木的擠壓，枝條也無法側向伸長。因此，樹冠必定向道路的方向生長，地上部的重心往道路方向傾斜。行道樹通常是闊葉樹，地上部傾斜時，根系會生長在傾斜反方向的位置。但是日本的道路在人行道的部分埋設了很多的瓦斯管及水管等管線設施，常為了管理而進行挖掘。於是，車道反向的根系就無法生長。而車道部分比人行道的鋪面更厚，下方又被堅固的夯實，根系也無法生長至車道部分。如果是與道路平行的帶狀植穴，根還可以生長；如果是單獨植穴，根系幾乎無法生長。即

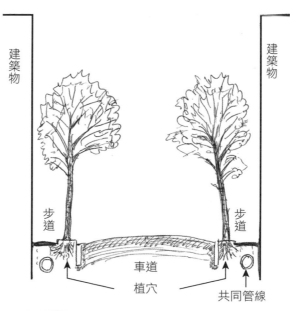

圖8.24　種植行道樹的街道的構造

使是帶狀植穴，樹與樹的中間也有配電盤、柱子等構造物，且植穴內的土壤大概是30～50公分而已，下方為碎石或建築廢棄土，根系無法生長，形成非常淺的根張狀態。強風吹襲，再加上建築風現象，強風就會從與道路平行的方向通過，使斜向的樹冠產生扭矩力。根頭腐朽時，根就會浮起使根頭折斷，因而倒向道路。特別是在沒有遮蔽的十字路口附近，折斷的樹木常被風吹倒到路上。此外，高樓之間如果有從道路或直角方向吹來的強風，樹木因為沒有往步道方向生長能夠抵抗外力的根，很容易就倒伏。

由於行道樹常發生根腐病（**圖8.25**），也會造成風倒。當樹木根系沒有受傷時並不會得根腐病，樹木在栽植階段的斷根是最初的傷害。改良土壤的材料或堆肥不良的時候也會帶來腐朽菌的菌源。過度修剪造成樹木抵抗力的下降，也會讓腐朽菌容易侵入樹體。此外，行道樹的根無法伸入硬化的土壤中，只能在鋪面和土壤中間僅有的間隙生長。二次肥大生長時就會造成鋪面的破壞，成為人和車子的交通障礙，根系又會因此被切斷，再次成為腐朽菌入侵的原因。行道樹若遭到過度頻繁的修剪會使根系衰弱，也是樹幹及樹根被腐朽菌入侵的原因。樹幹腐朽時便會造成樹幹斷裂或倒伏。

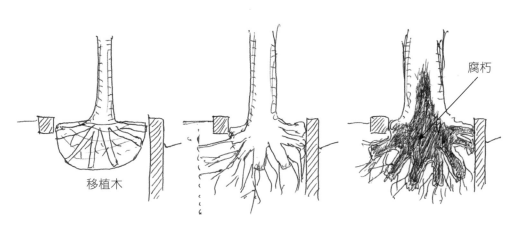

圖8.25　行道樹多半根株腐朽

13・樟樹小枝折斷的保命機制

　　走進強風侵襲後的公園中，大棵的樟樹下有很多綠色的小枝掉落（**圖8.26**）。其他樹木多半是掉落葉片和枯枝，少有活的枝條掉落，只有樟樹特立獨行。為什麼樟樹要掉落這麼多的活枝呢？強風時掉落小枝會減少風阻，避免大枝及樹幹本體的倒伏或斷裂。樟樹的小枝材質脆且容易折斷，若聞一聞折斷的部分會有很濃的樟腦味。樟腦有很強的防菌性與防蟲性物質，防止病原體從傷口入侵。樟樹的萌芽性很強，部分的小枝斷裂不會造成樹勢衰弱，可以說是捨棄小枝而保住大枝的生存戰略。麻櫟和枹櫟與樟樹相同，颱風後的雜木林裡掉落許多著生綠葉的小枝。麻櫟的小枝分歧處和節具有容易脫落的結構，這是為了在強風時使枝葉脫落而生長的。

圖8.26　強風後的樟樹，活的小枝落下

14 · 櫸木的自我修剪

　　九月時走進颱風後的公園，會看到櫸木的大樹下枯枝散亂掉落。如**圖8.27**，觀察這些落下的枝條，有以下幾種情形：①在都市區域大多為樹皮全體骯髒的枝條，而在空氣正常的區域則較多呈黑褐色，②乾燥且輕，木材顏色變白，③木材硬但是脆，容易折斷，④掉落時折斷處的顏色變灰色，木材散佈著黑色的斑點，⑤多為直徑5公分以下，很少有粗枝，⑥無法以肉眼辨識出灰白的菌絲與子實體，但是在傷口到枝條尖端的數公分內有微小的黑點，⑦折斷處在樹枝的基部，比防禦層前面一點。樹皮骯髒是黴菌的一種，也有黑黴菌。白色的木材有一點黏質，傷口的灰色木材不黏，和乾燥的櫸木木材完全不同。

　　由以上判斷，可能是被菌入侵造成傷口部分木材的分解，擔子菌的木材腐朽菌很少存在枝條中，因此可能是在櫸木的枝條表面或平常生長在木材內的某種菌，在枝條衰弱或枯萎時，菌絲會生長分解木材成分，像柴魚製作的過程一樣吸收的水分，水分被大量吸收後形成脆性材，產生枝條容易斷裂的條件。可能這種菌是非病原性的病菌，即使有病原性也非常的弱，可說是幫助樹木去除不要枝條的一種共生菌。分解的成分是，傷口組織細胞的纖維素、半纖維素、木質素或者連接細胞的果膠質。

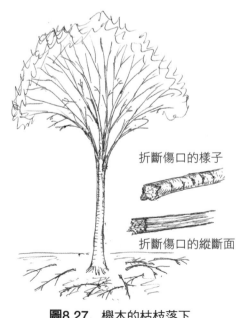

折斷傷口的樣子

折斷傷口的縱斷面

圖8.27　櫸木的枯枝落下

15·螞蟻是樹的害蟲還是益蟲？

　　許多的苗商將螞蟻和白蟻視為侵蝕樹幹，造成樹木空洞化的害蟲而加以防治。然而，螞蟻是肉食動物和白蟻完全不同。常會在樹幹內部開孔的部分看到螞蟻，多半是腐朽入侵而劣化的部分，健全的樹幹非常少。螞蟻很喜歡乾淨，會吃腐朽菌的菌絲和黴菌。菌類的細胞壁是由甲殼素與多醣體所構成，與由甲殼素和蛋白質所構成的昆蟲表皮很類似。於是，螞蟻也很喜歡菌類。腐朽木材若有螞蟻會加快腐朽部分的空洞化，但也有可能因此而阻止腐朽的範圍。

　　常會在黑松等植物上看見螞蟻侵蝕健全材後所建的巢，因此被認為是害蟲而進行驅除，但仔細觀察會發現其實是螞蟻使用了白蟻的舊巢。螞蟻會攻擊白蟻，捕食白蟻幼蟲及蛹，並占據白蟻的巢。

　　櫻花的葉子有蜜腺（**圖8.28**），所以會招來螞蟻。螞蟻會捕食樹上的食葉性昆蟲與吸汁性昆蟲，並舔食樹葉蜜腺所分泌的甜液，逗留在樹上捕食昆蟲。螞蟻和葉片上蜜腺的關係，在金合歡類、野桐、歐洲山楊、梓樹等多種樹種都看得見。

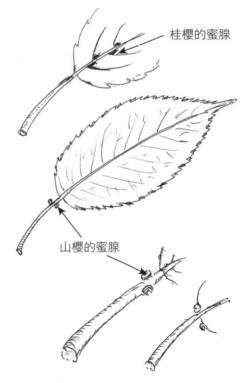

桂櫻的蜜腺

山櫻的蜜腺

圖8.28　櫻花葉子的蜜腺

第9章 樹木的生態

1 · 枝梢尖端枯萎

　　日本關東地區，海拔200公尺以下的平野及丘陵區，如**圖9.1**所示，常有從一定高度的開始向下枯萎的杉木林，會有尖端枯萎的現象。尖端枯萎的原因有時是因雷擊，但大多是因為熱島現象造成的空氣高溫乾燥化，建築物林立，道路過度鋪面化，河川及水路水泥化，排水硬體化，過度踐踏等，造成雨水難以向地下滲透的環境。被雷擊時，全部的樹幹尖端都枯萎的狀況很少發生，大部分是枝條尖端枯萎，又從樹幹萌芽，枯萎的高度不一致（**圖9.2**）。

　　由一定的高度向下枯萎，是因為杉木的生育地點環境變化，水分無法上升到以前成長的高度。一般而言，越乾燥的地區樹

圖9.1　杉木樹梢枯枝的原因推定為乾燥化

木越低矮，而都市與近郊近年來日益高溫乾燥化，無法維持以前杉木的高度。這種枯萎現象不只是關東地區，日本全國的都市和近郊地區都看得見。欅木和杉木需水性高，在都市中，樹高也有下降的傾向。在沒有進行澆灌的地區，樹高受到土壤水分環境的影響。

還有，尖端枯枝也會受到酸雨氧化劑等空氣污染的影響，但有些實驗表示，杉木對於大氣污染物質有很大的抵抗性。

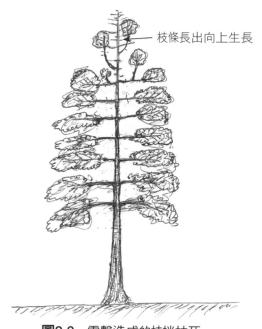

枝條長出向上生長

圖9.2　雷擊造成的枝梢枯死

2・樹木乾燥枯死的條件

表面硬化排水不良的地方，梅雨季大量持續降雨，土壤的孔隙充滿水分，長期呈現過溼狀態，樹木具有活力的細根都集中在可以呼吸的土壤表層。於是深層的粗根不容易死亡，但細根大部分窒息腐爛。梅雨結束後，即轉為炎熱的夏天，細根集中在淺層土壤的樹木，由於快速乾燥，無法吸水而枯萎。

這個現象不只在夏季炎熱時期，冬季乾燥的太平洋岸等地區，在長期的秋雨過後突然乾燥，也會造成枯死和枯枝。公園栽種的黑松與赤蝦夷松，在秋季長雨過後，常會看見下位枝枯現象。由於秋雨使土壤過溼，黑松長在深層土壤的根系呼吸困難，聚集在淺層土壤的吸收根快速乾燥，造

成下位枝枯死。為什麼不是上位枝枯死而是下枝枯死呢？因為這些樹具有以下特性，這些針葉樹是對於光有很大需求的陽性樹種，在陽光競爭激烈的狀態下生長，當生長環境不良枯枝時，為了競爭陽光，高處的枝條會生存，而光線條件不利的下位枝則會枯萎。如果土壤條件變差，樹勢不良的黑松與赤蝦夷松，即使下位枝的光線充足，下位枝還是會先黃化枯萎，而上位枝葉持續保持綠色（**圖9.3**）。單從一枝條來看，就算全體都光照充足，當枝條枯萎，枝條先端的葉子也會優先生存，而接近樹幹受光不利的枝葉則會乾枯。

　　種在行道樹植穴中的樹木，根系被侷限在非常狹小的空間，客土的土量也很少。帶狀植穴可以讓根往道路與平行方向生長，但是長根的區域很淺，多數的行道樹會浮根生長，細根集中在淺層區域。在這種惡劣的土壤條件下，夏季持續乾燥時，枯死的樹木就會變多。

　　以前就種下的行道樹，存在於自然土層的根系可以長到很深。在這樣的條件下，即使在盛夏期極乾燥的狀況，也不會枯死，因為樹木可以得到地下水上升的毛細水，以及些許的可利用雨水。然而，近年來大都市為了建設地下鐵和下水道，許多地方的毛細水上升被阻斷，使得枝條先端枯萎、根株腐朽、大枝枯死的現象變多。

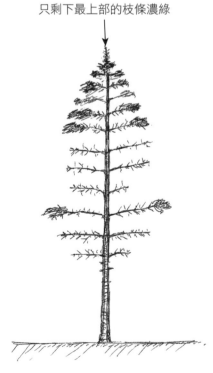

只剩下最上部的枝條濃綠

圖9.3　赤蝦夷松衰弱的著葉狀況

3·行道樹的櫸木雙幹及樟樹的多主幹型態

　　作為行道樹的櫸木，在高約2～3公尺的位置分叉為雙主幹、三主幹或多主幹，如**圖9.4**。這是因為櫸木在苗木階段，從一定的高度被斷頭修剪。自然生長的年輕櫸木向上生長旺盛，長到5公尺左右也不會分枝（**圖9.5**）。然而，這樣的樹型被認為不適合作為綠化樹木，因此在高2公尺左右就被斷頭，讓潛伏芽枝生長，形成寬廣的樹冠。

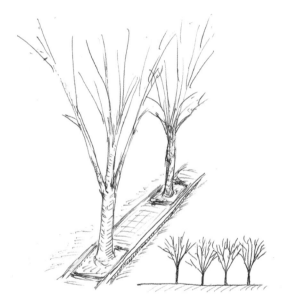

圖9.4　行道樹的櫸木樹型

向上生長旺盛時
側枝不發達

圖9.5　年輕櫸木的自然樹型

　　日本關東地區作為屋敷林的櫸木，如**圖9.6**，在樹高10公尺左右以下維持單幹，以上才生長成巨大樹冠。這是以前為了培養長的櫸木木材，將低部的側芽全部去除，使樹木長到足夠的高度後才開枝散葉。櫸木的長材可用來製成帆船的桅杆、房屋的大柱、木柱、樑材等。

　　從前為了採取樟樹的樟腦，在西日本及台灣大量造林。樟樹的性質與其他樹種不同，樹皮還呈綠色的苗木難以移植，而木栓層發達的成木則

較為容易，可能是因為苗木沒有木栓化的綠色樹皮（青軸），表面蒸散旺盛。進行造林時，切除樟樹苗木的地上部，移植根株。這就是為什麼西日本及台灣的樟腦造林地中，許多樟樹都長成雙主幹或多主幹樹型的原因（**如圖9.7**）。

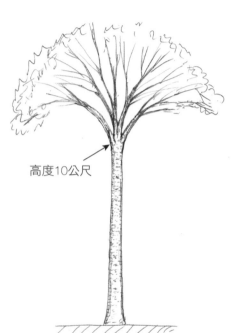

高度10公尺

圖9.6　作為屋敷林的櫸木樹型

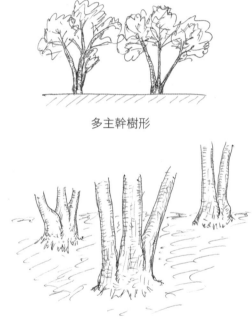

多主幹樹形

圖9.7　樟腦造林地的樟樹樹型

4·強剪造成根系的影響

　　人們對樹木進行強剪的理由多不勝數。颱風造成的枝幹斷折，遮蔽日照，落葉塞住屋頂的天溝，鳥類築巢，出現大量毛蟲等狀況，都有可能成為強剪的原因。強剪就是大量修剪活的枝條，對樹木產生嚴重的影響。

　　大量修剪樹木的活枝或切斷樹幹，會喪失大部分的樹葉，造成光合作用能力下降。儲存在樹幹內的能量物質，被使用在讓潛伏芽快速生長，成為潛伏芽枝（圖9.8）。供給潛伏芽枝生長的光合作用機能尚未充分恢復前，根系幾乎無法得到光合作用產物，因此離根頭較遠的根系尖端衰退。樹木根頭附近的粗根蓄積的能量較多，在此長出新的側根，確保水分吸收，但尖端壞死的根部腐朽菌入侵，逐漸造成根頭腐朽。此外，修剪傷口處如圖9.9所示，木材變色，腐朽菌隨後入侵。切斷時的形成層位置形成防禦層，其內側慢慢的變色腐朽（照片19）。根頭腐朽與樹幹腐朽經十年、二十年，逐漸擴大造成樹幹全體空洞化。隨後，如果樹木的年輪旺盛生長，就會像管壁厚的管子一樣，

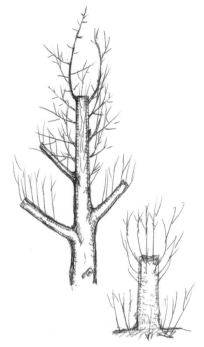

圖9.8　強剪造成的潛伏芽枝

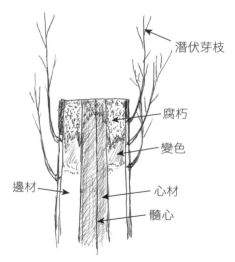

圖9.9　從切斷的傷口處開始形成木材變色與腐朽

樹幹不會折斷（**圖9.10**）。
Mattheck博士認為，挫曲危
險性高的樹幹壁厚為t，樹幹
半徑為R，t/R≤0.32就相當危
險。然而，根頭腐朽使根系
支持力下降，且潛伏芽枝的
生長使樹冠應力加大，根頭
倒伏的危險也就因此增高。
如果只有進行一次強剪，不
會造成倒伏。重複地強剪，
樹體會嚴重衰退，提高危險
性。通常進行強剪是因為怕
樹倒伏造成危險，但其實這
只會產生更多高危險性的樹木。

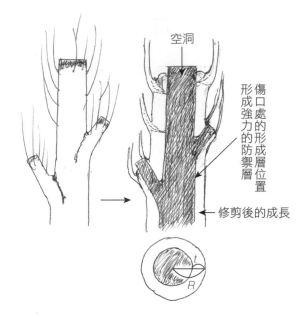

空洞

傷口處的形成層位置

形成強力的防禦層

修剪後的成長

圖9.10 樹幹壁很厚的空洞樹木

樹木的小知識14　植物荷爾蒙的種類

　　植物荷爾蒙普遍存在於大多數的植物體內，即使微量仍會對樹木的生
理活性具有高影響力，並非指特定的物質。由於沒有明確的定義，因此植
物荷爾蒙的釋義因人而異。現今大部分的研究者認定的植物荷爾蒙如下：
生長素，激勃素，細胞分裂素，乙烯，離層酸與茉莉酸。此外，水楊酸，
Strigolactones，肽激素也被認為是植物荷爾蒙。另外，雖然確認有開花激素
的存在，但是仍不清楚它是什麼，也無法從植物體分離，因此不被認定為植
物荷爾蒙。生長素是最早被認定的植物荷爾蒙，它和植物的生長有全面性的
關係。可以產出無籽葡萄的一種激勃素是日本人在台灣發現的植物荷爾蒙，
激勃素是相似作用的物質的總稱。

5 · 枝條先端拳頭狀的瘤

如**圖9.11**所示，在同一個地方重複進行修剪會產生拳頭狀的樹瘤。雖然最近比較少看到，但以前桑田裡的桑樹常會見到這樣的瘤。採取尤加利油的尤加利園樹木，以及葉片被用來製餅的大島櫻也常有拳頭狀瘤的現象。作為日本行道樹的法國梧桐與銀杏，以及公園中的梧桐也會看到這樣的現象（**照片17**）。

從樹枝中間修剪，在切口附近因頂芽優勢而休眠的潛伏芽會醒來，長成許多枝條。這些枝條的每個節都會形成腋芽，在接近基部的位置長出的許多小芽，幾乎都是潛伏芽。將這些枝條靠近基部切除，切斷處與基部之間的潛伏芽就會長出來，潛伏芽枝的數量增加。枝條生長後，大枝與枝條形成複雜的結構包覆著枝條基部。這些潛伏芽產生的光合作用產物下送到基部，使基部具有非常高的能量。雖然瘤形狀外觀不佳，但在修剪行道樹

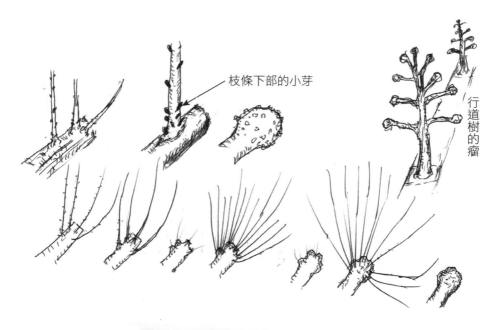

枝條下部的小芽

行道樹的瘤

圖9.11　枝條先端的瘤和瘤上長出的枝條

時，由於瘤的部分具有很高的防禦力，不可傷害或修剪它，新長出來的潛伏芽應從基部修剪。如果把這個枝條又進行截頂，切口處沒有防禦層，腐朽就會從傷口進入造成幹腐病。這種修剪管理方法，必須在樹木的枝條還細的時候開始。由於枝條中心部分尚未心材化，切口處的組織會呈現防禦反應，而心材化的粗枝修剪後不會產生防禦反應，邊材部分的防禦材形成也不完全。

如果不將瘤產生的潛伏芽枝全部剪斷，生長的枝條就會恢復頂芽優勢，瘤上的潛伏芽進入休眠，不產生新枝條。樹幹上長出的幹生枝與潛伏芽枝，常被認為不必要而進行修剪，但這會使更多的潛伏芽生長，反覆進行修剪會在樹體上形成腫瘤（**圖9.12**），如果有留下一枝，就不會長出新枝。

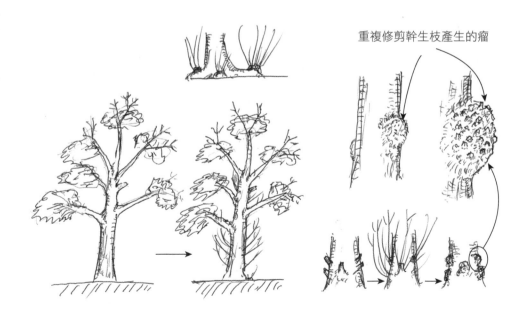

圖9.12 修剪潛伏芽枝與幹生枝後產生的瘤

6 · 留下幹生枝就會造成枝條尖端枯萎嗎？

　　景觀業者在樹木移植後進行管理時，常將樹幹長出的幹生枝切除。因為他們認為留下幹生枝生長，水分會跑到幹生枝而不送到樹冠上方，使樹冠枯萎，但這是錯的觀念。雖然樹木生長幹生枝的情形因樹種不同，但多半是失去頂芽優勢的樹，才會從樹幹上長出幹生枝，枝條尖端健康的樹一般不會形成。與其說是長出幹生枝而造成枝條衰退，不如說是枝條尖端先衰退而長出幹生枝（**圖9.13**）。枝條尖端衰退，光合作用衰弱，樹木為了回復健康，讓幹生枝在容易吸收水分的高度生長。枝梢衰退的原因多半來自土壤或根系，根系的水分吸收能力下降是主因，改善通氣透水性等土壤的問題，活化根系，使水分吸收能力提高，枝條尖端就可以有充分的水分上升。於是，枝條尖端的活力就會維持，幹生枝、潛伏芽枝就不會發生。不進行這樣的改善而希望切除幹生枝來恢復枝條健康，樹木反而更加衰退。

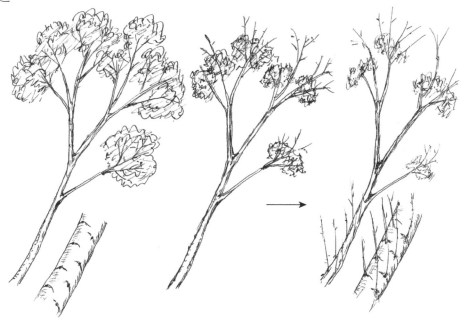

圖9.13 　枝條尖端的衰退造成潛伏芽生長，形成幹生枝

7・活用樹木防禦機制的修剪方法

闊葉樹的幹與枝或大枝與小枝的分歧處稱為枝叉，如**圖9.14**，比其他部分更明顯的生長。分歧部分的外觀如**圖9.15**，枝條衰退乾枯時，從枝領的最先端向下乾枯（**照片13、14**）。從枝叉的構造和防禦層形成的位置來看，修剪的位置如**圖9.16**所示，A是正確的，能有效防止腐朽的擴散。在這個位置

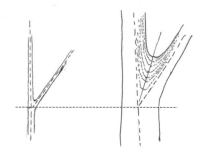

圖9.14　闊葉樹枝叉的成長

修剪，損傷包覆材會慢慢進行包覆生長，這個部分傳遞到樹幹的力沒有偏向，所以不會有偏向的包覆生長，傷口包覆完全（**圖9.16A**）。在這個狀況下，被包覆部分的木材很少會腐朽。形成防禦層和包覆生長所需要的材料與能量，是由修剪位置以上的樹幹所供給。

若如**圖9.16B**的位置修剪，留下一部分樹枝，在樹枝完全腐朽前，樹幹的組織逐漸包覆樹枝。如果樹枝完全腐朽，內側會產生包覆成長，殘留的部分在防禦層形成新的組織後內部腐朽，包覆樹幹組織的內側形成空洞

（**圖9.16B**）。樹幹的組織包覆捲入內側，這個生長的壓力會造成木材龜裂，促使腐朽擴散。

若如**圖9.16C**的位置進行修剪，傷害了樹幹的組織，使防禦層被破壞，造成腐朽入侵樹幹的狀況（**圖9.16C**）。枝與幹成長的過程會先形成防禦層，如果不切斷防禦層，病菌也無法入侵枝幹。若是受到傷害，雖然傷口會癒合，但傷口下方容易腐朽。此時的包覆生長如**圖9.16D**

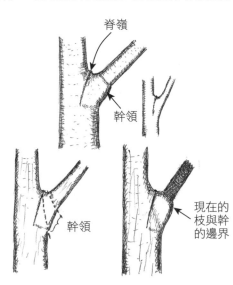

圖9.15　枝幹分歧部發達的環枝組織

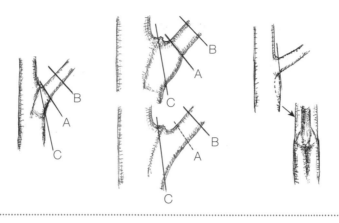

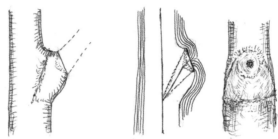

A. 圖A的位置，包覆修剪痕跡的形成層包覆生長

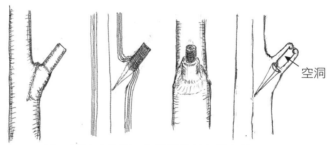

B. 圖B的位置，包覆殘枝的包覆生長

空洞

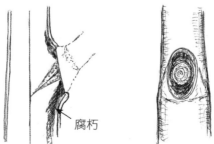

腐朽

C. 圖C的位置，修剪後的傷口腐朽入侵

圖9.16 正確的修剪和錯誤的修剪

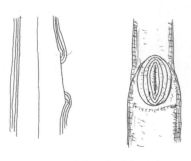

D. 圖C的修剪痕的包覆生長
圖9.16　延續

所示，樹幹表面傳達的力流在同年的年輪傳遞最多，如果在圖C的位置修剪，會使力流繞過傷口，讓傷口兩側的力流密度增加，造成側面部分明顯生長。以前都認為傷口兩側有包覆材成長是正確的修剪造成的，但近年來Shigo博士主張這是容易造成樹幹腐朽的錯誤修剪。

杉木和檜木的針葉林，在進行打枝時，如**圖9.17**有三個方法，還有用斧頭去除節的方法，最不容易造成木材變色和腐朽的是A法。

修剪枝條時必須考量到防禦層形成的位置，以及傷口是否會形成損傷包覆材。

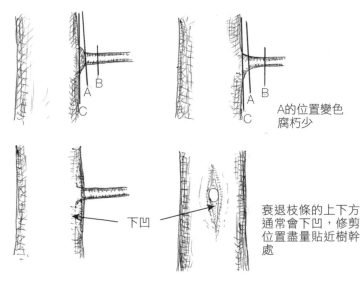

圖9.17　針葉樹的打枝方法

8 · 斷根養根球

　　有時在開發土地的過程中會將造成障礙的大樹移植。但是大部分的樹木和綠化苗木不同，根頭附近的細根很少，很難直接移植。必須事先進行斷根養根球的作業。一般是在移植前半年或一年進行，方法有很多種，大致分為斷根法和環狀剝皮法。

　　一旦切斷樹根，樹皮內層的韌皮部所輸送的光合作用產物就無法向下運送，會蓄積在切斷部分的薄壁細胞。此時，葉或芽所產生的生長素蓄積，並產生乙烯。這三者的相互作用會造成側根切斷的部分長出新根（圖9.18）。

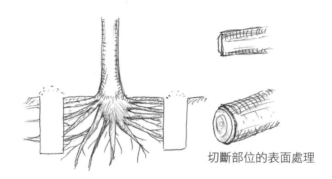

切斷部位的表面處理

圖9.18　斷根法

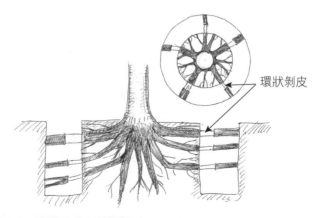

環狀剝皮

圖9.19　環狀剝皮法

環狀剝皮法是將直徑3公分以上的粗根不切斷而進行剝皮，剝皮的長度約為15公分。樹皮被剝掉的部分，如同被切斷的根，蓄積光合作用產物，促進側根的生長（圖9.19）。另一方面，剝皮部分外側的根，由於缺乏醣類的供應會逐漸衰退，而蓄積大量能量的粗根不會立即死亡，尖端部分會繼續供應吸收水分，通過留下的木質部繼續運送水分。根尖所產生的細胞分裂素連同水一起上升，保持樹葉的生存，也促進側芽及潛伏芽的活化。保有葉片使光合作用持續進行，也促進了側根的生長。進行斷根法與環狀剝皮法的移植實驗比較，環狀剝皮法的樹木發根量較多，移植後的樹勢有很顯著的差異。

　　綠化種樹，有播種、扦插、壓條與嫁接等苗木繁殖的方法。許多作業方法都會切斷根系，待細根伸長後再次切斷讓它發根，並重複此作業。由於不切斷粗大的根，不會引起根頭的腐朽，根頭處也會長出許多細根，即使在炎熱的夏天也能夠進行移植（圖9.20）。

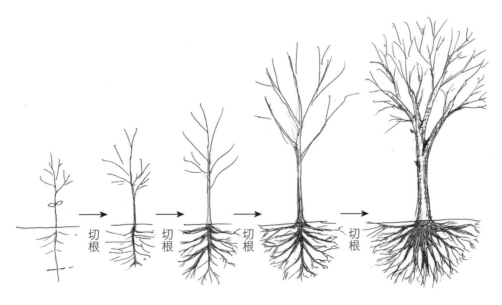

圖9.20　樹苗培養的過程

9 · 嫁接樹木的砧木強勢與接穗強勢

為了增加某些好的品種，無法進行扦插的樹種或品種就會進行嫁接。嫁接的樹木是將砧木和接穗連結，當砧木的生長超過接穗，便會形成根頭膨大的狀態（**圖9.21 A**）。相反的，當接穗成長超過砧木，砧木就會衰弱而被接穗包覆（**圖9.21 B**）。常會看到以黑松為砧木，赤松的變種為接穗，呈現極端的砧木強勢現象。

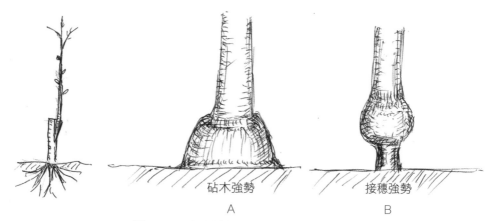

砧木強勢 A　　　接穗強勢 B

圖9.21　嫁接樹木的砧木強勢與接穗強勢

櫻花的品種如果是實生苗就無法維持品種特性，通常都用嫁接法。常作為砧木使用的是大島櫻的實生苗，以及青皮櫻或真櫻的扦插苗。一般來說，櫻花很難扦插，但青皮櫻卻很容易。在春天插枝，秋天就可以作為砧木使用，容易養成砧木，因此常作為多種櫻花的砧木。然而，青皮櫻的砧木活力較弱，如果和成長旺盛的染井吉野櫻嫁接，染井吉野櫻就會包覆砧木，使砧木死亡（**圖9.22**）。染井吉野櫻會長出自己的根，變成像扦插木般成長。公園或學校的染井吉野櫻會從根頭長出蘖枝，這些蘖枝有時候會開出花期不正常的花。通常都是染井吉野櫻會發生這個現象。這是因為嫁接繁殖的染井吉野櫻，根頭長出的蘖枝也是染井吉野櫻，這是砧木死亡的

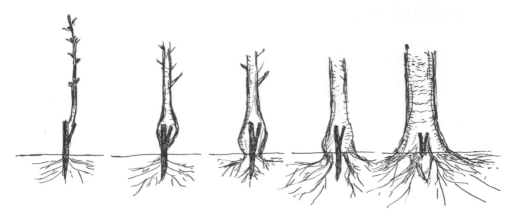

圖9.22　染井吉野櫻和青皮櫻的極端接穗強勢現象

現象。有時在染井吉野櫻根頭長出的蘗枝開白花，並長出和染井吉野櫻不同的無毛綠葉，這是青皮櫻的砧木形成的。

　　青皮櫻和其他的櫻花嫁接時，其他櫻花品種都沒有染井吉野櫻那麼強勢，所以有時候以青皮櫻為砧木的枝條會長得比接穗更加旺盛。

 樹木的小知識15　生長素與細胞分裂素

　　年輕葉片產生的生長素最多，由韌皮部向下輸送，在細胞成長時使用，越往下濃度越低，到了根系的濃度約是莖部的1/1000～1/10000以下。生長素對於樹木的作用因濃度不同而異，在根部濃度低，有促進生長的作用。大部分的樹種會形成潛伏芽枝是因為生長素的供給減少，受到根部尖端產生的細胞分裂素的影響，細胞分裂素活化側芽，促進潛伏芽發芽。潛伏芽的休眠狀態是高濃度的生長素引起乙烯的發生，抑制了細胞分裂素的作用。生長素促進側根的形成，這可能是因為乙烯和生長素對側根發生作用。細胞分裂素和離層酸是在根尖細胞分裂時產生的，通過木質部向上運送促進側芽生長，維持葉片的活性、促使肥大生長等功能，當濃度高時，根尖旺盛成長，並同時抑制側根的形成。

10 · 門松與見越松

　　門邊的黑松有一枝條以水平方向長出覆蓋門上方，並和門柱成為一體。這種「門松」是日本傳統的造園方法 **（圖9.23）**。如何形成這樣的枝條呢？栽植門松時，將要伸長的枝條使用竹竿水平固定。由於這個枝條不會搖晃，乙烯的生產量很少。乙烯會抑制莖的細胞分裂和成長，乙烯的量很少時，枝條的尖端就會旺盛的伸長。接著再將竹竿繼續加長，在枝條柔軟時進行水平固定，就會長得更長。其他的枝條受風搖晃產生乙烯，伸長生長受抑制。以這樣的方法持續管理，會讓松樹只有一橫枝異常的伸長，形成門松。近年來，常有將固定枝條以外的枝條都剪短，讓枝條一直生長到圍牆，稱為見越松 **（圖9.24）**。

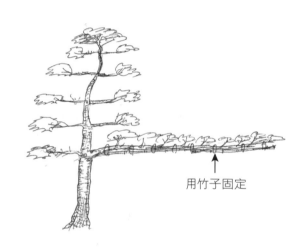

用竹子固定

圖9.23　門松

圖9.24　圍牆上生長的見越松

11 · 纜繩綑縛與鐵棒貫入

樹木如果有雙幹夾皮的現象，很容易龜裂（**圖9.25**），為了避免龜裂，常會用纜繩將雙方連結。這樣可以避免強風或積雪使枝叉部分龜裂，但是纜繩會在樹木肥大成長時陷入樹幹，如**圖**9.26。韌皮部輸送光合作用產物與木質部輸送水分的能力會受到阻礙，甚至受壓迫的部分細胞死亡，使腐朽菌入侵。因此，需要用纜繩綑縛的樹木必須定期的檢查，經常改變綑綁的位置。支架上用來綑縛樹木的繩子也常常會有這種現象。

在歐美，由於纜繩會發生上述的問題，所以直接用鐵棒貫入樹幹加以連結，如**圖**9.27。這種方法會使樹皮和木材受損，但是對運輸機能的傷害較低。歐美國家認為這是比壓迫樹皮更好的方法。然而鐵棒貫入法會造成木材腐朽，使癒合組織形成不完全，造成嚴重的幹腐病，也不是好的方法。在日本的果園進行鐵棒貫入的實驗，果樹為了要增加果實的日照，頻繁的修剪徒長枝，造成樹勢衰弱，鐵棒插入的部分更容易腐朽。

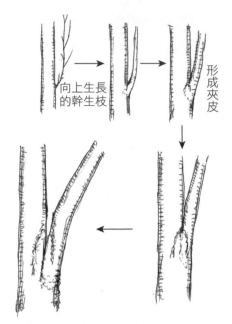

圖9.25　夾皮部分容易龜裂的枝叉

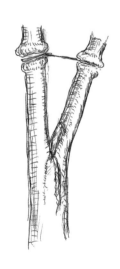

圖9.26　纜繩陷入樹幹

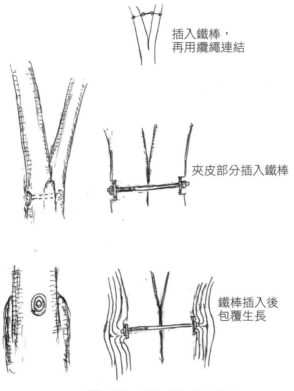

插入鐵棒，
再用纜繩連結

夾皮部分插入鐵棒

鐵棒插入後
包覆生長

圖9.27　利用鐵棒插入連結

 樹木的小知識16　樹皮的光合作用

　　樹皮的皮層組織細胞裡有葉綠體，可以行光合作用。所有樹種的當年生枝條都會進行光合作用，肥大生長破壞一次皮層後，周皮所形成的木栓皮層繼續行光合作用。木栓層不厚的樹種，樹幹會行光合作用。木栓層厚的櫟屬楢樹類與刺槐等，在木栓層不厚的年輕枝條進行光合作用。樹皮的光合作用在冬季或乾季的落葉期與休眠期進行，蓄積用於發芽、發根的能量，並讓樹木度過環境惡劣的逆境期。此外，也會產生抗病與抗蟲的防禦物質。

第**10**章　竹子與棕櫚

1・竹子的成長

　　竹子是禾本科，卻和禾本科的草類大不相同。禾本科的草本植物多半在花穗以外不分枝，竹類常有分枝。竹類的細胞壁木質化變硬，草則不變硬，但蘆葦和蘆荻的莖也會木質化變硬。中南美洲也有草本的竹子，型態上沒有明顯的差異。竹子莖的硬度來自於木質素與矽酸，也就是二氧化矽（S_iO_2）蓄積在細胞壁而成。植物體內的矽酸是以二氧化矽（$S_iO_2(H_2O)_n$）的狀態存在。

　　有的竹類是散生型，生長地下莖擴大其範圍，如**圖10.1**。而有的竹類不長地下莖，是分蘖生長的叢生型，如**圖**10.2。有些竹子的高度可以達到15～20公尺，莖上有50～60個節，這些節是地下莖的筍在出芽階段，筍的頂端成長點細胞分裂而成，

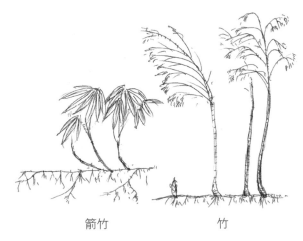

箭竹　　　　　　　　竹

圖10.1　地下莖增殖散生的竹子

每個節的粗細在筍的階段便已決定，各節都形成後，節上方的成長帶進行細胞分裂，接著細胞再向軸方向成長，形成節的間隔。節間生長時，節上包覆的筍皮（稈鞘）就會剝落。稈鞘的剝落如**圖**10.3，表示節間成長完成。在日本以竹博士聞名的上田弘一郎博士，他測量竹子的稈在24小時內伸長的紀錄，孟宗竹伸長119公分，真竹伸長121公分。類似箭竹的矮竹，稈鞘不剝落，節間的成長結束時就會由土黃色變成灰褐色。此外，稈的內部形成空洞，稱為髓腔**（圖**10.4**）**。稈快速成長的同時髓空洞化，髓內部的破壞形成髓腔膜。硬的竹材和紙狀的髓腔膜間有柔軟而無方向性的細胞層。

近年來竹林快速的侵入森林區域，造成森林枯萎成為竹林，這是日本各地都有的嚴重問題。這些竹子的地下莖擴大成長且稈持續伸長，為了地下莖的成長，必須將空中伸長部分形成的光合作用產物向下

圖10.2　叢生的竹子

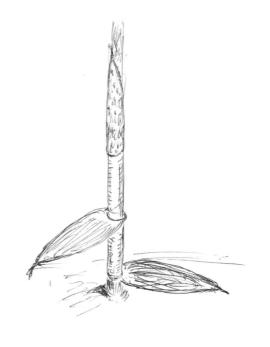

圖10.3　稈的下部脫落的稈鞘

送。筍從地下莖出芽，伸長竹稈，而竹稈又長出側枝條展葉，同時向下輸送產物繼續成長。日本的民間故事中，良寬和尚為了地板下竹子的持續成長，所以在地板上打洞，正如這個故事所述，竹子在黑暗的地方會繼續成長。由於竹子是這樣的生長型態，有可能一整片竹林其實是同一個個體。

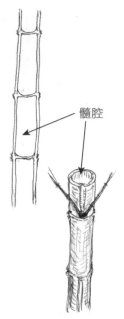

髓腔

圖10.4　竹子的髓腔

樹木的小知識 17　種子散布

　　樹木種子的散布方法有動物散布、風散布、水流散布、重力散布等，這些並不是單一的方法，也會有多重組合散布的狀況。

　　動物散布多半發生在產生漿果的樹木，由野鳥和大型哺乳類攝食後，以排泄來散布。另外也有在動物的身上附著鉤針來散布的方法，常在草本看到。殼斗科櫟屬植物的橡實是由老鼠或松鼠來搬運，吃剩的種子會發芽。風散布的種子是松樹、楓樹、鵝耳櫪類、椰榆、美國鵝掌楸等具有翅膀的類型，也有柳樹與歐洲山楊等藉著棉毛的浮力飛行來散布。重力散布的是栗子或殼斗科類，如日本七葉樹與核桃。另外，也有由鳥散布的方法，例如烏鴉運送。水流散布的類型是鬼胡桃，其種子落到溪流，被水流沖到很遠的地方。

　　有些野鳥也會攝食植物，特別喜歡甜的果實。都市裡的公園綠地會自然發芽的樹，幾乎都是漿果類，殼斗科櫟屬的植物比較少見。散布這些漿果的是鳥類，而產生核果的植物，則因為種子是由松鼠和老鼠運送，不能到比較遠的地方。

2·竹子的移植和去除

（1）竹子的移植

移植孟宗竹、真竹等大型竹類時，會將具有充分光合作用能力的竹桿所連結的地下莖挖起約1～1.5公尺再種植。然而，由於地下莖的節生長的不定根很貧弱，且長度太短，無法供應竹桿上葉片散失的水分，因此多半會枯萎。若是不留竹桿只移植地下莖，竹筍生長所產生的能量只夠向上生長，無法蓄積在地下部，還是會枯萎。因此移植時多半會切除竹桿的上半部，留下一些葉片。地下莖充分發育形成粗的竹桿要經過數年，所以建議採用以下的方法，讓存活力提高，儘早讓竹桿再生長。

首先不將竹子切斷，在長有充分葉片的竹桿上，從地面往上開始作業，在各個節的上部開一個小孔，往髓腔內注射水分，如**圖10.5**。腔隨膜吸收水分，由導管運送到竹桿，防止葉片枯萎，幫助光合作用正常運行。光合作用正常運行時，產物可以送到地下部，供應不定根及地下莖的生

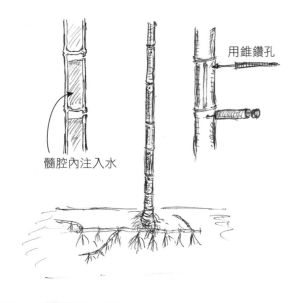

用錐鑽孔

髓腔內注入水

圖10.5　節間上部開孔注入水分

長。第二年春天，有時候在夏天到秋天，會長出細小的竹筍，大約拇指粗，竹稈高1～2公尺。移植後從地下莖伸出的竹稈年年變粗，長高成為健康的竹子。上田弘一郎博士曾說，在節間上部鑽孔注入水的方法，是日本在七夕裝飾用的竹子保持常綠的有效方法。

（2）去除竹子

日本關東地區以西的郊山，常見孟宗竹侵入森林使森林衰退的現象，以下的方法可有效停止這樣的現象。

春天發芽開始生長的竹筍，兩個月可以長15～20公尺高，再開展枝葉行光合作用。在這之前是利用地下莖輸送原有的光合作用產物供應生長。因此，在竹稈生長開始展葉，輸送光合作用產物之前，大概在六月份，是地下莖剩餘能量最少的時候。在此時砍伐竹稈，地下莖會長出細小的竹稈，企圖回復（**圖10.6**），接著再次砍伐，使地下莖儲存的能量耗盡枯萎。如果到春天又長出細竹，則需再次砍伐使其枯萎。

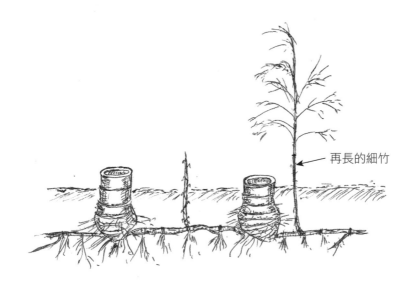

再長的細竹

圖10.6　竹稈切斷後再長的細竹

3·棕櫚的成長與莖粗的變化

　　棕櫚只有在莖頂有一個成長點，種子發芽後，成長點細胞開始細胞分裂，並在展葉的同時進行肥大生長。長到一定的大小時，停止肥大生長，再以同樣的粗細向上成長，不分枝而長到約10公尺高（**圖10.7**）。葉子的長葉柄從莖幹的頂端長出，葉柄包覆著莖幹而連結。頂端分生組織在葉子形成時，以細長的纖維包覆葉子，這種纖維在莖幹生長時也包覆莖幹全體，被稱作棕櫚皮。葉子在數年後枯死，有些並不脫落，以長期枯萎的狀況下垂。庭園中常要進行枯葉與棕櫚皮的去除作業，因此可以看到棕櫚莖幹的肌理，其莖幹的表面橫向的紋路是葉痕。仔細觀察莖幹，會發現有微妙的粗細不同（**圖10.8**），這是莖頂細胞分裂的時候，若有乾燥和低溫狀況或是棕櫚葉被去除，就會抑制成長使細胞變小、變細，若在生育條件良好時就又變粗。因此，棕櫚莖幹的粗細相當於過去的成長紀錄。

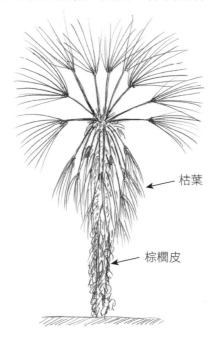

枯葉

棕櫚皮

圖10.7　棕櫚的型態

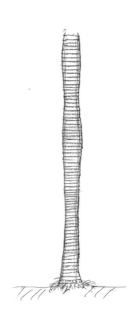

圖10.8　棕櫚樹幹上留存的葉痕和微妙的粗細變化

樹木的小知識18 自然界可以看到的力學安定性

　　德國的Mattheck博士和他的共同研究者在技術研究所（Karlsruhe Institute of Technology）研究自然界中所看到的形狀的力學意義，以簡單作圖法呈現兼顧力學且穩定的枝叉、耐風的根頭、崖錐地形與受到風化切割的岩塊形狀等。將三個二等邊的三角形所構成的外廓線繪製成圓滑的弧線，利用電腦有限元素法的解析證明這個形狀對於集中應力有非常高的抵抗性。

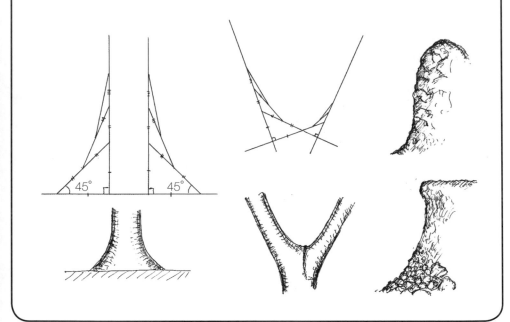

＜参考文献＞

筆者の手元にあって，本書の内容を一層理解するのに役立つと思われる主な市販書籍を紹介する。

- Allem, M. F., 菌類の生態学（中坪孝之・堀越孝雄訳），共立出版（1995）
- 秋田県立大学木材高度加工研究所編, コンサイス木材百科 改訂版, 秋田県木材加工推進機構（2002）
- 第12回「大学と科学」公開シンポジウム組織委員会編，植物の生長－遺伝子から何が見えるか，クバプロ（1998）
- Daubenmire, R. F., Plants and Environment 3rd ed., John Wiley & Sons（1974）
- de Kroon,H. and Visser, E. J. 編，根の生態学（森田茂紀・田島亮介監訳），シュプリンガー・ジャパン（2008）
- 道家紀志，植物のミクロな闘い，海鳴社（1984）
- 藤井義晴，自然と科学技術シリーズ　アレロパシー－多感物質の作用と利用，農山漁村文化協会（2000）
- 深澤和三，樹体の解剖－しくみから働きを探る，海青社（1997）
- 福岡義隆編著，植物気候学，古今書院（2010）
- 福島和彦ほか編，木質の形成－バイオマス科学への招待，海青社（2003）
- 古野毅・澤辺攻編，木材科学講座2　組織と材質，海青社（1994）
- 伏谷賢美ら，木材の科学・2　木材の物理，文永堂出版（1985）
- Gifford, E. M. and Foster, A. S., 維管束植物の型態と進化 原書第3版（長谷部光泰・鈴木武・植田邦彦監訳），文一総合出版（2002）
- ゴルファーの緑化促進協力会編，緑化樹木の樹勢回復，博友社（1995）
- ゴルファーの緑化促進協力会編，緑化樹木腐朽病害ハンドブック，日本緑化センター（2007）
- 濱谷稔夫，樹木学，地球社（2008）
- 原襄，植物のかたち－茎・葉・根・花，培風館（1981）
- 原襄・福田泰二・西野栄正，植物観察入門，培風館（1986）
- 原襄，植物型態学，朝倉書店（1994）
- 原田浩ほか，木材の構造　5版，文永堂出版（1994）
- Harris, R. W., Clark, J. R. and Matheny, N. P., Arboriculture － Integrated Management of Landscape Trees, Shrubs and Vines 3rd ed., Prentice Hall（1999）
- Hartman, J. R., Pirone, T. P. and Sall, M. A., Pirone's Tree Maintenance 7th ed., Oxford University Press（2000）
- 服部勉・宮下清貴，土の微生物学，養賢堂（2000）
- 平澤栄次，植物の栄養30講，朝倉書店（2007）
- 堀大才，樹木医完全マニュアル，牧野出版（1999）
- 堀大才・岩谷美苗，圖解樹木の診断と手当て，農山漁村文化協会（2002）
- 堀大才，樹木診断様式（日本緑化センター編），日本緑化センター（2009）
- 堀越孝雄・二井一禎編著，土壌微生物生態学，朝倉書店（2003）
- 堀田満編，植物の生活誌，平凡社（1980）
- 石塚和雄編，植物生態学講座1　群落の分布と環境，朝倉書店（1977）
- 磯貝明編，セルロースの科学，朝倉書店（2003）
- James, N. D. G., The Arboriculturalist's Companion － A Guide to the Care of Trees 2nd ed., Blackwell Publishers（1990）
- 樹木生態研究会編，樹からの報告－技術報告集，樹木生態研究会（2011）
- 加藤雅啓，植物の進化型態学，東京大学出版会（1999）

- 貴島恒夫・岡本省吾・林昭三，原色木材大圖鑑　改訂版，保育社（1977）
- 菊池多賀夫，地形植生誌，東京大学出版会（2001）
- 菊沢喜八郎，葉の寿命の生態学－個葉から生態系へ－，共立出版（2005）
- 小池孝良編，樹木生理生態学，朝倉書店（2004）
- 京都大学木質科学研究所創立50周年記念事業会編著，木のひみつ，東京書籍（1994）
- Mackenzie, A., Ball, A. S. and Virdee, S. R., キーノートシリーズ　生態学キーノート（岩城英夫訳），シュプリンガー・フェアラーク東京（2001）
- Mattheck, C. and Kubler, H., 材－樹木のかたちの謎（堀大才・松岡利香訳），青空計画研究所（1999）
- Mattheck, C., 樹木のボディーランゲージ入門（堀大才・三戸久美子訳），街路樹診断協会（2004）
- Mattheck, C., 樹木の力学（堀大才・三戸久美子訳），青空計画研究所　2004
- Mattheck, C., 樹木のボディーランゲージ＝力学偏＝物が壊れるしくみ－樹木からビスケットまで（堀大才・三戸久美子訳），街路樹診断協会（2006）
- Mattheck, C., 最新樹木の危険度診断（堀大才・三戸久美子訳），街路樹診断協会（2008）
- Mattheck, C., Trees － The Mechanical Design, Springer-Verlag Berlin Heidelberg（1991）
- Mattheck, C. and Breloer, H., The Body Language of Trees, Department of the Environment, Transport and the Regions from the Controller of HMSO（1994）
- Mattheck, C., Design in Nature － Learning from Trees, Springer-Verlag Berlin Heidelberg（1998）
- Mattheck, C., Secret Design Rules of Nature － optimum shapes without computers, Forschugszentrum Karlsruhe（2007）
- Mattheck, C., Thinking Tools after Nature, Karlsruhe Institute of Technology（2011）
- 水野一晴編，植生環境学－植物の生育環境の謎を解く，古今書院（2001）
- 中村太士・小池孝良編著，森林の科学－森林生態系科学入門，朝倉書店（2005）
- 成澤潔水，木材－生きている資源，パワー社（1982）
- 日本木材加工技術協会関西支部編，木材の基礎科学，海青社（1992）
- 日本緑化センター編，成木の移植と樹勢回復，日本緑化センター（1979）
- 日本緑化センター編，元気な森の作り方－材質に影響を与える林木の被害とその対策，日本緑化センター（2004）
- 日本緑化センター編，最新樹木医の手引き　改訂3版，日本緑化センター（2006）
- 日本林学会「森林科学」編集委員会編，森をはかる，古今書院（2003）
- 日本林業技術協会編，森林の100不思議，東京書籍（1988）
- 日本林業技術協会編，森の木の100不思議，東京書籍（1996）
- 日本林業技術協会編，きのこの100不思議，東京書籍（1997）
- 日本林業技術協会編，森林の環境100不思議，東京書籍（1999）
- 小川真，菌を通して森をみる－森林の微生物生態学入門－，創文（1980）
- 岡穆宏・岡田清孝・篠崎一雄編，植物の環境応答と型態形成のクロストーク，シュプリンガー・フェアラーク東京（2004）
- 岡田博・植田邦彦・角野康郎編著，植物の自然誌－多様性の進化学，北海道大学圖書出版会（1994）
- 岡田清孝・町田泰則・松岡信監修，細胞工学別冊　植物細胞工学シリーズ12　新版植物の形を決める分子機構－型態形成を支配する遺伝子のはたらきに迫る，秀潤社（2000）
- 小野寺弘道，雪と森林，林業科学技術振興所（1990）
- 清水明子，絵でわかるシリーズ　絵でわかる植物の世界（大場秀章監修），講談社（2004）
- 大木理，植物と病気，東京化学同人（1994）
- Rauh, W., 植物型態の事典（中村信一・戸部博訳），朝倉書店（1999）
- 佐橋憲生，菌類の森，東海大学出版会（2004）
- 佐道健，木のメカニズム，養賢堂（1995）
- 酒井昭，植物の耐凍性と寒冷適応－冬の生理・生態学，学会出版センター（1982）
- 酒井昭，植物の分布と環境適応－熱帯から極地・砂漠へ，朝倉書店（1995）

- 酒井聡樹，生態学ライブラリー 19　植物の形－その適応的意義を探る，京都大学出版会（2002）
- Shigo, A. L., A New Tree Biology － facts, photos, and philosophies on trees and their problems and proper care 2nd ed.，Shigo and Trees, Associates（1989）
- Shigo, A. L., A New Tree Biology Dictionary，Sigo and Trees Associates（1986）
- Shigo, A. L., Modern Arboriculture，Sigo and Trees Associates（1991）
- Shigo, A. L., Tree Anatomy，Shigo and Trees Associates（1994）
- Shigo, A. L.，現代の樹木医学　要約版（堀大才監訳，日本樹木医会訳），日本樹木医会（1996）
- Shigo, A. L.，樹木に関する 100 の誤解（堀大才・三戸久美子訳），日本緑化センター（1997）
- 柴岡弘郎，植物は形を変える－生存の戦略のミクロを探る，共立出版（2003）
- 島地謙，木材解剖圖説，地球出版（1964）
- 島本功・篠崎一雄・白須賢・篠崎和子編，蛋白質核酸酵素臨時増刊号　植物における環境ストレスに対する応答，共立出版（2007）
- 清水建美，圖説植物用語事典，八坂書房（2001）
- Sinclair, W. A., Lyon, H. H. and Johnson, W. T., Diseases of Trees and Shrubs，Department of Plant Pathology, Cornell University（1987）
- 森林水文学編集委員会編，森林水文学，森北出版（2007）
- Strouts, R. G. and Winter, T. G.：Diagnosis of ill-health in trees　2nd ed.，Department of the Environment, Transport and the Regions from the Controller of HMSO（2000）
- 鈴木和夫編，森林保護学，朝倉書店（2004）
- 田中修，中公新書　ふしぎの植物学－身近な緑の知恵と仕事，中央公論新社（2003）
- Thomas, P.，樹木学（熊崎実・浅川澄彦・須藤彰司訳），築地書館（2001）
- 土橋豊，ビジュアル園芸・植物用語事典　第 2 版，家の光協会（2000）
- Walter, L，植物生態生理学　第 2 版（佐伯敏郎・舘野正樹訳），シュプリンガー・フェアラーク東京（2004）
- 鷲谷いづみ，絵でわかるシリーズ　絵でわかる生態系のしくみ，講談社　（2008）
- 渡邊昭・篠崎一雄・寺島一郎監修：細胞工学別冊　植物細胞工学シリーズ 11　植物の環境応答－生存戦略とその分子機構，秀潤社（1999）
- Weber, K. and Mattheck, C., Manual of Wood Decays in Trees，Forschungszentrum Karlsruhe（2001）
- 山中二男，日本の森林植生，築地書館（1974）
- 矢野悟道編，日本の植生－侵略と撹乱の生態学，東海大学出版会（1988）
- Zimmermann, M. H., Xylem Structure and the Ascent of Sap，Springer-Verlag Berlin Heidelberg（1983）

索 引

國家圖書館出版品預行編目資料

繪圖解說樹木的知識 / 堀大才作；劉東啟譯 . -- 初版 . -- 臺中市：
晨星 , 2017.01
面； 公分 .——（知的！；110）
譯自：絵でわかる樹木の知識

　　　ISBN 978-986-443-213-4（平裝）

　　　1. 樹木

436.1111　　　　　　　　　　　　　　　　　　　105022164

知的！110	繪圖解說樹木的知識

作者	堀　大才
譯者	劉東啟
編輯	王詠萱
校對	王詠萱
美術設計	張蘊方
封面設計	李佩儒

創辦人	陳銘民
發行所	台中市 407 工業區 30 路 1 號 1 樓
	TEL：(04) 23595820　FAX：(04) 23550581
	行政院新聞局局版台業字第 2500 號
法律顧問	陳思成律師
初版	西元 2017 年 01 月 20 日
再版	西元 2024 年 05 月 01 日（六刷）

讀者服務專線	TEL：02-23672044 / 04-23595819#212
	FAX：02-23635741 / 04-23595493
	E-mail：service@morningstar.com.tw
網路書店	http：//www.morningstar.com.tw
郵政劃撥	15060393（知己圖書股份有限公司）
印刷	上好印刷股份有限公司

定價：290 元

（缺頁或破損的書，請寄回更換）

ISBN 978-986-443-213-4

《E DE WAKARU JUMOKU NO CHISHIKI》

© TAISAI HORI 2012
All rights reserved.
Original Japanese edition published by KODANSHA LTD.
Complex Chinese publishing rights arranged with KODANSHA LTD.
through Future View Technology Ltd.
本書由日本講談社正式授權，版權所有，未經日本講談社書面同意，
不得以任何方式作全面或局部翻印、仿製或轉載。

Printed in Taiwan
版權所有・翻印必究